Der schwankende Geldwert

Seine Ursachen und Folgen und Vorschläge zu seiner Beseitigung

Von

Irving Fisher

Deutsche Ausgabe
der Abhandlung
›Stabilizing the Dollar‹

Berlin 1924

Walter de Gruyter & Co.

vormals G. J. Göschen'sche Verlagshandlung / J. Guttentag, Verlagsbuchhandlung / Georg Reimer / Karl J. Trübner / Veit & Comp.

Vorwort

Die Schrift von Irving Fisher »Stabilizing the Dollar« ist schon im Jahre 1923 als Teil des Gesamtwerkes »The Stabilization of Business«, herausgegeben von Lionel D. Edie, und dann als Separatdruck erschienen. Obwohl sich inzwischen in mancher Beziehung die Verhältnisse gewandelt haben, sind die Ausführungen so wertvoll, daß sie auch jetzt noch bei allen an den Währungsproblemen Interessierten aufmerksamste Teilnahme finden werden.

Dr. G. Hilger.

Unsere heutige Generation erlebt die in der ganzen Geschichte unserer geduldigen Welt erstaunlichsten Schwankungen in der Kaufkraft des Geldes. Solche Schwankungen sind kaum jemals weder so weit verbreitet, so allgemein und mannigfaltig gewesen, noch haben sie so lange angehalten. Auf Jahre hinaus wird das Problem der Unbeständigkeit des Geldwertes die Volkswirtschaftler, Geschäftsleute und Staatsmänner beschäftigen. Dieses Problem muß daher in seinen Beziehungen zum internationalen Wechselverkehr, zum internationalen Handel, zu den internationalen Verpflichtungen und Reparationen, dann zu den Finanzen und zur Politik jedes einzelnen Landes, ferner zu dem Privatvermögen der Bürger der Staaten untersucht werden.

Unsere Zeit braucht vor allem wieder feste und dauernde Verhältnisse. In politischer Beziehung brauchen wir feste Regierungsformen und unbedingt verbürgten Frieden, in wirtschaftlicher einen stabilen Handel, dauerhafte Finanzen, eine gesicherte Industrie, ferner feste Formen für Verträge und Abmachungen, auf Grund deren Handel, Geldverkehr und Industrie gedeihen können.

Politische und wirtschaftliche Stabilisierung sind untrennbar miteinander verbunden. Gewöhnlich nimmt eine Regierung unter dem Druck politischer Unbeständigkeit, wenn ihr die Gefahr des Zusammenbruchs droht und sie ihren Etat nicht balancieren kann, ihre Zuflucht zu Zwangsanleihen, wodurch wiederum Unbeständigkeit auf dem Geldmarkt verursacht wird. Umgekehrt ist eine solche wirtschaftliche Unbeständigkeit, solch ein Ruin des Geldstandes, während man die politische Katastrophe zu vermeiden hofft, gerade selbst die Ursache von politischen

Wirrnissen, von Unruhen und Revolutionen. Die Franzosen haben ein Sprichwort: „Hinter der Notenpresse steht die Guillotine", ein Ausspruch, der auch auf den Umsturz im heutigen Rußland ganz gut paßt.

So dürfen wir, wenn wir das hauptsächlichste wirtschaftliche Problem des Tages: die Stabilisierung des Geldes in der Welt, lösen wollen, das politische Problem: die Stabilisierung der Regierungsformen, nicht außer acht lassen. Der erste Schritt zur Stabilisierung des Geldes ist, daß man der Inflation in jenen Ländern Einhalt gebietet, wo sie noch immer im Fortschreiten begriffen ist: in Deutschland, Österreich, Polen und Rußland usw. Kein Land aber wird die Inflation beseitigen können, ehe es nicht seinen eigenen Etat balanzieren kann; dazu ist es oft nicht eher imstande, bis es die Last der militärischen Ausgaben vermindert, und das kann es nur, wenn es internationale Garantien für den Frieden hat. Diese Garantien aber können meiner Meinung nach nur von dem Völkerbunde, oder „einem" Völkerbunde, gegeben werden. So ist das politische Problem des Völkerbundes: Stabilisierung der Politik, eng verknüpft mit dem wirtschaftlichen: Stabilisierung des Geldes.

Aber das Aufhören der Inflation ist nur ein Teil des Problems der Stabilisierung des Geldes, auch der Deflation muß Einhalt geboten werden. Beides, Deflation und Inflation, sind Zwillingsübel und nicht, wie häufig gedankenlos angenommen wird, Gegengifte füreinander.

Es scheinen drei Hauptgründe gewesen zu sein, daß man die letzte Deflation, wie sie sich in den Vereinigten Staaten und in England auswirkte, als wünschenswert ansah. Es war zunächst die allgemeine Meinung, daß die Vorkriegspreise normal gewesen seien, daß man darauf zurückgehen müsse, und daß ein Abbau der Preise nicht auch einen Abbau der Einkommen nach sich ziehen würde. Dann herrschte in den Ländern, die ihren Goldstand verloren hatten, der natürliche Ehrgeiz, zum Wohl des Handels und zur Wiedererlangung ausländischer Kredite zu jenen Friedenspreisen zurückzukehren, weil auch der Gedanke, daß die nationale Ehre das fordere, darin seine Befriedigung fand. Schließlich dachte man, daß das künstliche Steigern des Preisniveaus, das der Krieg mit sich gebracht hatte, den Gläubigern gegenüber ungerecht sei, die ihre Verträge auf der Grundlage eines niedrigeren Preisniveaus geschlossen hatten.

Das erste dieser drei Argumente entbehrt nun jeglicher Grundlage. Das Jahr 1914 war nicht „normaler" als 1920 oder 1896. Ein Preisstand ist ebenso normal und ebenso wünschenswert wie ein anderer, wenn er für die Dauer beibehalten werden kann.

Das zweite Argument ist technisch einwandfrei, und es ist leicht verständlich, daß der Stolz auf die kaufmännische Ehre, hauptsächlich in England, niemals volle Befriedigung empfindet, wenn nicht gänzliche Erfüllung eingegangener Verbindlichkeiten eintreten kann. Dann muß man aber mit der gleichen technischen Berechtigung und derselben Logik zu dem Schlusse kommen, daß man durch den Sinn der Verträge, wenn auch nicht durch den Buchstaben, daran gebunden ist, nicht nur einfach die in dem Vertrage festgesetzte Goldmenge zurückzuzahlen, sondern die Menge, die der bei Schließung des Vertrages gültigen Kaufkraft des Goldes entspricht.

Dies bringt uns zu dem dritten, meiner Meinung nach wichtigsten und durchschlagendsten Argument, daß es eine Ungerechtigkeit den Gläubigern gegenüber ist — zu denen viele kleine Gläubiger des Landes gehören, die der Regierung in der schweren Kriegszeit zu Hilfe gekommen waren —, Schulden in entwertetem Gelde zurückzuzahlen. Geld sollte nur als Wertmaß für aufgeschobene Zahlungen dienen, um die vertragschließenden Parteien in den Stand zu setzen, den Vertrag auf der Grundlage der Kaufkraft des Geldes, wie sie zur Zeit des Abschlusses des Vertrages von beiden Seiten angenommen und verstanden wurde, zu erfüllen. In demselben Umfange, wie der Geldwert zwischen dem Zeitpunkte des Abschlusses und dem des Vollzuges eines Vertrages schwankte, in demselben Umfange wird es Ungerechtigkeiten der einen oder andern Partei gegenüber geben, und wenn eine solche Schwankung des Kurses, eine solche Entwertung durch Umwertung, Deflation, ausgeglichen werden kann, so ist das gerechtfertigt,

In der Praxis ist das Problem der Vermeidung von Ungerechtigkeiten dadurch ungeheuer erschwert, daß nicht alle Verträge gleich zu behandeln sind. Und während wir darüber diskutieren, ob Inflation oder Deflation und in welchem Umfange sie zu wählen sei, werden fortwährend neue Verträge auf neuer Preisgrundlage geschlossen. Deflation wurde gefordert, um die Vorkriegsgläubiger zu befriedigen, und zweifellos würde man damit den wenigen noch überlebenden Vorkriegsgläubigern gerecht. Ungerecht aber wäre das der viel größeren Zahl von Kriegs- und Nachkriegsschuldnern gegenüber. Man darf nicht den Standpunkt einnehmen, daß der Minderheit geholfen werden muß, auch wenn die Mehrheit dadurch geschädigt werden sollte. Man muß stets die Tatsache vor Augen haben, daß jede Störung der Valuta es unmöglich macht, jedem gerecht zu werden.

Zu den bestehenden Schuldverträgen gehören auch solche, die bei ganz verschiedenem Stande der Entwertung geschlossen wurden, und da es völlig unmöglich ist, sich auf jeden einzelnen Vertrag besonders einzustellen, kann man vernünftigerweise nur einen Durchschnitt nehmen. Wenn alle heute bestehenden Verpflichtungen im Jahre 1914, also vor dem Kriege, eingegangen wären, so würde es das Ideal sein, den Sovereign, Dollar, Franc usw. der Vorkriegszeit (nicht nur theoretisch, sondern in dem tatsächlichen Wert) durch Deflation so wiederherzustellen, daß das allgemeine Preisniveau auf dasjenige von 1914 gesenkt würde. Wenn dagegen alle jetzt bestehenden Verpflichtungen auf das Jahr 1920 zurückgingen, dann wäre es nur gerecht, auch auf das hohe Preisniveau von 1920 zurückzugehen. Ohne Zweifel liegt der beste Durchschnitt, den wir nehmen können, zwischen diesen beiden Extremen, und zwar näher dem Stande von 1920 als dem von 1914. Wenn man wirklich die Zahl und das Alter der Schuldverträge abschätzen wollte, so würde sich herausstellen, daß der eine Vertrag nur seit einem Tage, ein anderer seit einem Monat, ein dritter seit einem Jahre und andere wieder seit einem Jahrhundert bestehen. Die Mehrzahl der abgeschlossenen Verträge aber würde jüngsten Ursprungs sein. Der Durchschnitt oder der Schwerpunkt der Gesamtverpflichtungen liegt also wahrscheinlich in der Nähe der Gegenwart. Bei einer ganz ungefähren vor dem Kriege angestellten Abschätzung stellte ich fest, daß in Amerika die abgeschlossenen Schuldverträge durchschnittlich ein Jahr alt waren.

Der Krieg brachte natürlich ungeheure Staatsschulden mit sich, die meistens in der Höhe des Kursstandes von 1917 und 1918 eingegangen waren, so daß diese Verpflichtungen aus der Kriegszeit auf lange Zeit hinaus den Schwerpunkt der Verschuldung bilden werden. Als die Freiheitsanleihen (Liberty Loans) der Vereinigten Staaten ausgegeben wurden, war unser Preisniveau im Durchschnitt 195 oder ungefähr doppelt so hoch wie 1913, während es jetzt im Vergleich zu 1913 bei 148 steht, also etwa fünfzig Prozent höher ist. Offenbar war unsere Deflation sehr übertrieben, denn die zweiundzwanzig Billionen Freiheitsanleihen, die 1917, 1918 und 1919 zu hohem Kurse ausgegeben wurden, haben kein Gegenstück in den wenigen noch bestehenden Schulden, die vor dem Kriege zu 100 aufgenommen worden sind.

Auch die Anleihen des Jahres 1920, als die Deflation begann, müssen beachtet werden. Wenn die Deflation im Jahre 1920 bei 190 stehengeblieben wäre, anstatt bis auf 243 hinaufzugehen, so wäre das gerechter gewesen. Dieses übermäßige Steigen der Deflation war eine Ungerechtigkeit gegen die Schuldner, und daher kam auch der Niedergang unseres Handels.

Wir brauchen jetzt ein Steigen der Preise. Aber eine Inflation, die uns auf den Stand von 1920 mit 243 oder selbst mit 190 zurückbringen würde, bei welchem Stande wir auf dem Wege zum Niedergange hätten anhalten sollen, wäre eine starke Ungerechtigkeit gegen die Gläubiger. Gerecht wäre der Rückgang auf etwa 175; wenn das erreicht ist, dann sollte man darauf stehenbleiben. Ein weiteres Zurückgehen bis auf den Vorkriegsstand würde sicher in hohem Maße die Gerechtigkeit verletzen und den Wohlstand schädigen.

England steht auf demselben Standpunkt, wie Reginald McKenna, ehemals englischer Schatzkanzler, jetzt Präsident der größten Bank der Welt, gesagt hat: „Als wir vor zwei Jahren unter der rapiden Steigerung der Lebenshaltungskosten zu leiden hatten, wagte ich ein Wort der Warnung. Obgleich die Ursache der hohen Preise in der Geld- und Kreditinflation, die die ungeheuren Staatsanleihen während des Krieges hervorrufen mußten, liegt, bestrebte ich mich, zu zeigen, daß jede Bemühung, die Preise durch künstliche Deflation niedrig zu halten, zu ernstem Schaden für den Handel und zu weitgehendster Arbeitslosigkeit führen würde. Als ich mich im vergangenen Jahre an Sie wandte, war eine Politik der Deflation öffentlich angekündigt und für geraume Zeit auch befolgt worden. Ich sprach bei jener Gelegenheit über Inflation und Deflation im einzelnen und, soweit ich das konnte, über die Rückwirkung, die die eine oder die andere auf den Geldmarkt, den Handel und die sozialen Verhältnisse haben. Wir haben kürzlich erst die üblen Folgen der Deflation kennengelernt, und zurzeit ist diese Politik in Mißkredit gekommen. Unglücklicherweise hat aber diese Lektion dahin geführt, daß sich ein beträchtlicher Teil der öffentlichen Meinung zugunsten der Inflation änderte, und es scheint, daß wir jetzt die regelrechte Wahl haben zwischen zwei Arten von Politik, von denen jede als Heilmittel gegen die andere gelten soll.

In Wahrheit sind natürlich beide schlecht. Das, was wir brauchen, ist Stabilisierung; Inflation und Deflation gehen beide von diesem festen Punkte aus nach verschiedener Richtung. Wenn wir Stabilität der Preise haben, dann haben wir eine Basis, auf der mit gegenseitigem Vertrauen Handel getrieben werden kann. Fabrikanten, Kaufleute und Kleinhändler sind dann in der Lage, Verträge auf der Grundlage zu schließen, daß die übernommenen Verpflichtungen am Fälligkeitstage zu demselben Werte wie bei dem Abschluß des Vertrages eingelöst werden."

Das Schwierige ist nur, daß man bei dem Versuch, die Stabilisierung herbeizuführen, dem Widerstande derer begegnet, die durch die ehemalige Unbeständigkeit des Geldes geschädigt wurden. Einige leiden heute unter der vergangenen Inflation, andere unter der gewesenen Deflation, und so entspinnt sich ein Konflikt zwischen beiden.

Die Kriegsinflation führte zu der Forderung, die hohen Lebenshaltungskosten auf den Stand der Vorkriegszeit zurückzuschrauben. Der Versuch, dieses durch Deflation zu erreichen, führte zu der Forderung der mit Schulden belasteten Farmer nach freierem Kredit, sowie zu einem Protest gegen das Fallen der Preise ihrer Produkte. Auf meinem Schreibtische liegen, während ich dies schreibe, zwei Artikel: der eine geschrieben von einem „Freunde des Landmannes", der wieder Inflation fordert, der andere von einem „Freunde des Lohnempfängers", der wieder Deflation verlangt.

Von beiden Gefahren scheint die einer erneuten umfangreichen Inflation die gefährlichere zu sein. In mancher Hinsicht beginnt die Lage in den Vereinigten Staaten ähnlich der des Jahres 1896 zu werden, als Bryan als Fürsprecher der Inflation in die Politik eintrat. Bis 1896 waren die Preise seit dem Bürgerkriege, in dem sie im Jahre 1865 den in der amerikanischen Geschichte höchsten Stand erreichten, ständig gefallen. Zwischen jenem Höchststande von 1865 und dem niedrigsten Stande von 1896 fielen die Preise in den Vereinigten Staaten fast um zwei Drittel, d. h. die Kaufkraft des Dollars war innerhalb einer Generation um fast das Dreifache gestiegen. Während der ersten Hälfte jener Periode gingen wir wieder zur Goldwährung zurück, aber diese Wertsteigerung des Dollars setzte sich auch durch die andere Hälfte trotz wachsender Unzufriedenheit und trotz des Wunsches nach Inflation fort. Nach der Panik des Jahres 1893 war der Schrei nach niedrigen Preisen besonders bei den Farmern und den Besitzern von Silberminen so groß, daß das Land bereit war, Bryans Mittel gegen die Deflation: die Inflation anzunehmen. Mich überläuft es kalt bei dem Gedanken an die Folgen, wenn Bryan gewählt und die Silberwährung eingeführt worden wäre. Und doch, obwohl wir der Silberinflation entgingen, verfielen wir nach und nach der Goldinflation, so daß kurz nach Beginn des neuen Jahrhunderts die ganze Welt, die sich bei Bryans Auftreten über langsamen Geschäftsgang beklagt hatte, sich jetzt stark über die hohen Lebenshaltungskosten beschwerte.

Diese hohen Kosten der Lebenshaltung führten im Jahre 1920 zu einem Rückschlag und zu dem Gedanken der Rückkehr zu den „normalen Verhältnissen der Vorkriegszeit", eine Phrase, die ebenso verführerisch ist wie die von Bryan, als er die Rückkehr zu dem „Dollar der Großväterzeit" wünschte. Gerade so, wie er die Inflation vorschlug, um die Deflation zu mindern, so wurde im Jahre 1920 die Deflation gewünscht, um der Inflation zu steuern. Und gerade so, wie die nach 1896 einsetzende Inflation als Mittel gegen die Deflation versagte, so versagte die nach 1920 einsetzende Deflation gegen die Inflation.

Wir leben jetzt in einer sehr kritischen Zeit, in welcher das durch Vertretung von Sonderinteressen begangene Unrecht scharfe Gegenmaßnahmen zu erfordern scheint, während das allgemeine Wohl Mäßigung und Stabilisierung der Verhältnisse verlangt. Soll man dem müßig gegenüberstehen und den Dingen ihren freien Lauf lassen, so daß das Volk einmal über „hohe Lebenshaltungskosten", ein andermal über „harte Zeiten" klagt? Oder soll man einen selbstsüchtigen Klassenstreit zwischen Gläubigern und Schuldnern beginnen? Oder soll man schließlich das Problem in seinem Kerne erfassen und in dieses Chaos Ordnung bringen?

Der erste Weg wäre der einfachste. Die Politik, alles gehen zu lassen, wie es geht, ist die einfachste, weil die große Masse des Volkes nicht merkt, wohin die Reise geht. Einige „standpatters" sind gegen jede ernsthafte Bemühung, den Dollar zu stabilisieren. Ihr Wunsch ist es, an das Problem überhaupt nicht zu rühren, damit nicht allen Vorschlägen, unter denen auch wilde und unpraktische sind, Tor und Tür geöffnet wird. Meine eigene Idee geht im Gegenteil dahin, daß solche Zurückhaltung ganz verfehlt ist, daß sie nur an das Heute und nicht an das Morgen denkt und, wenn die Sicherheitsventile des Wirtschaftskörpers geschlossen sind, zu einem Unglück führen muß. Es sind ja tatsächlich übertriebene und unpraktische Vorschläge in großer Zahl vorhanden; sie lassen sich nur durch wirklich praktische bekämpfen, wie wir ja auch Quacksalberei nicht durch Untätigkeit, sondern durch Anwendung wissenschaftlicher Methoden zu beseitigen suchen.

Kurz, die Politik, den Dingen ihren Lauf zu lassen und die Hände in den Schoß zu legen, führt zweifellos zu der zweiten Möglichkeit, zu dem selbstsüchtigen Streit zwischen Inflationisten und ihren Gegnern. So war es ja auch nach dem Bürgerkrieg und nach jedem anderen Kriege. „Greenbackism", „Populism" und „Free-silverism" entstanden wegen der Klassengegensätze und aus der Unzufriedenheit mit dem Fallen der Preise in der Zeit zwischen dem Bürgerkriege und dem Jahre 1896. Und während der letzten fünfundzwanzig Jahre hat das Steigen der Preise eine andere Form des Klassenkampfes, den Sozialismus, so ungeheuer anwachsen lassen.

In welcher Richtung sich die Preise auch bewegen: immer wird Unzufriedenheit die Folge sein, nur die Stabilisierung allein kann die Ausbreitung dieses Geschwüres im Volkskörper beseitigen. Die Bankwelt aber sollte in erster Linie die Stabilisierung wünschen (viele ihrer intelligentesten Vertreter sehen es jetzt ein) und sie sollte nach einer wissenschaftlichen Methode einen Weg aus diesem Chaos suchen, um unwissenschaftliche Versuche und Klassenkämpfe zu verhindern. Farmer und Arbeiter sehen sonst in ihnen nur eine selbstsüchtige Gläubigerklasse, die ihr Pfund Fleisch auf Kosten des Lebensblutes von Industrie und Handel zu gewinnen sucht. Weitere Vernachlässigung unseres Geldproblems läuft wieder auf Inflation oder Deflation hinaus, oder auch auf beides, sie werden aber immer nur bittere Früchte zeitigen. Es sollte ein anerkannter Satz der Wirtschaftsgeschichte sein, daß Unbeständigkeit des Geldes unweigerlich zu Klassenkämpfen führt.

Ich glaube ganz sicher, daß eine der größten Gefahren unserer Tage in dem blinden selbstzufriedenen Kleben an dem Hergebrachten liegt, und darin liegt die Gefahr, daß die große, jetzt gebotene Gelegenheit versäumt wird, die dritte der drei Methoden zu wählen, um die Situation zu retten. Wenn man aber ernstlich das Geldproblem untersuchen will, muß man zunächst gleichsam aus der Vogelschau das ganze Feld überschauen.

Ein berühmter Gelehrter sagte einmal zu seinen Schülern: „Ehe Sie das Studium irgendeines sozialen Problems anfangen, stellen Sie sich selbst die Fragen: Was ist es? Warum ist es? In welchen Zusammenhang gehört es? Wie kann es gelöst werden?" Nach dieser Methode will ich behandeln: 1. die Kaufkraft des Geldes selbst, 2. die Hauptgründe, welche diese Tatsache erklären, 3. die Mißstände, die eine Besserung und Heilung erfordern, 4. das Heilmittel selbst.

Zunächst müssen also die Tatsachen zusammengefaßt werden. Die gegenwärtige Preissteigerung, unter der wir alle so gründlich litten, ist nur dem Grade nach außergewöhnlich. Es ist ein großer Irrtum, anzunehmen, wir hätten vor dem Kriege Stabilität gehabt. Es ist Tatsache, daß es niemals einen festen Preisstand gegeben hat. Das wissen wir heute durch die Indexziffern. Die Preise der verschiedensten Artikel bewegen sich nicht immer in derselben Richtung, sondern sie verbreiten und verteilen sich wie die Stücke einer zerplatzenden Granate. Es ist immer eine bestimmte durchschnittliche Bewegung vorhanden, wie auch die Stücke der Granate vom Schwerpunkt aus eine bestimmte Bahn haben. Um die durchschnittliche Bewegung der Preise bestimmen zu können, müssen wir zunächst eine bestimmte Meßmethode haben. Das ist die „Indexziffer", die anzeigt, wie die Preise im Durchschnitte steigen oder fallen. Wenn irgendein Bedarfsartikel seit dem vergangenen Monat um 4 v. H. gestiegen ist und ein anderer um 10 v. H., dann liegt der Steigerungsdurchschnitt der beiden zwischen 4 und 10 v. H., gleich 7 v. H.; $\frac{4 + 10}{2} = 7$. Wenn wir den Preisstand der beiden Artikel im vergangenen Monat mit 100 v. H. annehmen, so ist die Indexziffer für den laufenden Monat 107 v. H. Dasselbe Rechnungsprinzip ist natürlich für alle Bedarfsartikel anwendbar.

Jetzt sind die verschiedensten Indexziffern im Gebrauch, z. B. die von Bradsteet, Dun, Gibson, die des Annalist, der Federal Reverse Bank, des United States Bureau of Labor Statistics, des Canadian Department of Labor, des London Economist, des London Statist, der London Times und des British Board of Trade. Die jetzige Indexziffer der United States Bureau of Labor Statistics erstreckt sich auf 300 Gegenstände.

Mit Hilfe solcher Indexziffern können wir jetzt mit gewisser Sicherheit den Wechsel, der im Preisstand und in der Kaufkraft des Geldes eintritt, feststellen. Es ist eine interessante Tatsache, daß die Preise, obgleich sie manchmal im Laufe der Zeit gefallen sind, doch im allgemeinen steigen. In Frankreich waren die Preise vor dem Kriege vier- bis sechsmal so hoch wie vor fünfhundert Jahren und fünf- bis zehnmal so hoch wie vor tausend Jahren.

Nach 1896 stiegen die Preise rapid bis zum Ausbruch des Krieges. Aber eine weit größere Steigerung wurde durch den Krieg selbst gebracht. Das Steigen vor dem Kriege, so groß es war, belief sich im Durchschnitt in den Vereinigten Staaten auf nur ein Fünftel vom Hundert pro Monat und in England auf noch weniger. Zwischen 1914, als der Krieg begann, und 1920, als der Höhepunkt der Preisbewegung erreicht war, belief sich die monatliche Steigerung auf 1,2 v. H. in den Vereinigten Staaten und auf noch mehr in den andern Ländern — in Deutschland auf 3,5 v. H., in Rußland auf 16 v. H. Zu diesen deutschen und russischen Beispielen der Indexziffern gibt es sonst keine Parallele.

Seit Mai 1920 begann ein steiler Preisabbau, nicht nur in England und in den Vereinigten Staaten, sondern auch in Japan; geringer war er in Frankreich und Italien; in Deutschland, Österreich, Polen, Rußland, Finnland und Bulgarien stiegen die Preise aber weiter.

Soviel von den Tatsachen. Wir kommen nun zu der zweiten der drei Fragen: „Warum verändert sich das Preisniveau beständig?" In der letzten öffentlichen Diskussion dieser Frage wurden die mannigfachsten Gründe dafür vorgebracht. Ich will nicht im einzelnen darauf eingehen. Einige sind für die Beurteilung der Preise *einzelner* Artikel sehr wichtig und beachtenswert, aber nur einer, der Wandel im Geld- und Kreditverkehr, ist für das *gesamte* Problem der Preissteigerung von Wichtigkeit. Selbstverständlich genügt nicht eine Erklärung, die nur einen Preis im Verhältnis zu einem andern betrachtet. Wenn man sagt, daß die Ursache der Preissteigerungen in dem Steigen der Löhne liegt, so heißt das nichts weiter, als daß die Preise der Erzeugnisse gestiegen sind, weil der Wert der Arbeit gestiegen ist; ebensogut kann man die Sache umkehren und sagen, daß der Wert der Arbeit gestiegen ist infolge der Preissteigerung der Lebensmittel, so daß die Arbeiter zum Streik um höhere Löhne gezwungen wurden. Solche Antworten sind ebenso unbefriedigend wie die des Gärtners, der auf die Frage: „Wo ist die Hacke?" antwortet: „Bei der Harke" und umgekehrt: „Wo ist die Harke?" antwortet: „Bei der Hacke."

Knappheit und Fülle der Erzeugnisse können in besonderen Fällen das Steigen und Fallen der Preise dafür genügend erklären. Aber sie genügen nicht zur Erklärung, wenn ein allgemeiner und durchgängiger Wechsel aller Preise sich zeigt. Alle solche bisher versuchten Lösungen begingen einen schlimmen Fehler, weil sie die Ursachen nur in den Waren, deren Preise sich änderten, und nicht in dem Gelde, das als Wertmesser jener Preise diente, suchten. Es ist kaum anzunehmen, daß die Waren alle im Preise steigen könnten, ohne daß es auch eine allgemein gültige Erklärung dafür gäbe. Es ist unwahrscheinlich, daß Waren, deren Zahl in die Tausende geht, durch bloßen Zufall gleichzeitig spärlich und gleichzeitig im Überfluß vorhanden sind. Es gibt kaum in der ganzen Welt überall zu gleicher Zeit Überfluß oder Hungersnot. Wenn der Getreidevorrat an einer Stelle gering ist, so ist er an andern wiederum sehr groß. Wenn der Roggenvorrat aber doch überall klein sein sollte, dann ist sicherlich der Bestand an Weizen oder Gerste oder an irgendeiner andern Hauptnahrung zum mindesten normal. Es ist nicht wahrscheinlich, daß gleichzeitig Krieg in Japan und Brasilien ist. Ein Weltkrieg oder vielmehr ein Krieg, der beinahe die ganze Welt umfaßt, wie der von 1914 bis 1918, ist beispiellos, er ist d a s beispiellose Ereignis der ganzen Weltgeschichte.

Meine Schlußfolgerung ist: Nicht eine gleichzeitige Steigerung aller andern Werte ist eingetreten, sondern der Wert des Goldes resp. des Geldes ist gesunken. Wir haben direkte Statistiken, um das zu beweisen. Sie zeigen, daß bis zum Ausbruch des Krieges 1914 im allgemeinen kein fortschreitender Mangel an Waren bestand, sondern eher ein steigender Überfluß; dieser hielt in den Vereinigten Staaten auch bis nach dem Jahre 1914 an, wahrscheinlich sogar bis zu unserm Eintritt in den Krieg im Jahre 1917.

Erst während des Krieges zeigte sich ein allgemeiner und fortschreitender Mangel an Waren. Selbst während des Krieges war die Geldinflation der wichtigste Faktor. Und nach Beendigung des Krieges boten die Warenstatistiken kaum eine Erklärung für die Preisschwankungen. So waren im Jahre 1921 die Waren knapper denn je, aber die Preise fielen.

Daß große Preisschwankungen hauptsächlich geldlichen Ursprungs sind, erhellt die Tatsache, daß Länder gleichen Kursstandes auch gleiche Preisbewegungen haben. So gab es — um Länder mit Goldwährung zu nennen —, solange die Vereinigten Staaten und England noch Goldwährung hatten, in beiden eine bemerkenswerte Ähnlichkeit in der Kurvenbewegung der Indexziffern. Andrerseits zeigt die Preisbewegung in Ländern mit Silberwährung eine starke Gleichheit, wie z. B. in Indien und China in den Jahren 1893 bis 1896. Ein großer Gegensatz besteht aber zwischen Ländern mit Gold- und solchen mit Silberwährung. Im allgemeinen kann man sagen, daß das Preisniveau zwischen 1873 und 1896 in Ländern mit Goldwährung um 25 v. H. fiel und in Ländern mit Silberwährung um 30 v. H. stieg. Und was ebenso wichtig ist: dieser Unterschied zwischen den beiden Preisbewegungen entsprach ungefähr dem Unterschied zwischen dem Gold- und Silberwerte.

Für die Zeit des Weltkrieges sind die Daten so spärlich, daß sich keine bestimmten Ziffern ermitteln lassen, aber man kann die verschiedenen Länder in ungefährer Reihenfolge, wie in ihnen die Preise gestiegen sind, zusammenfassen. Es ergibt sich dann das Resultat, daß die Reihenfolge im allgemeinen damit übereinstimmt, wie in den Ländern die Münzen durch Papiergeld entwertet wurden und wie ihre Zahlungsmittel an den ausländischen Börsen an Geltung verloren. Diese Reihenfolge in der Preissteigerung und der Geldentwertung war die folgende: Indien, Australien, Neuseeland, die Vereinigten Staaten, Canada, Japan, Schweden, Schweiz, Dänemark, Italien, Holland, England, Norwegen, Frankreich, Deutschland, Österreich, Rußland. Dann hatten Länder wie die Vereinigten Staaten und England, die es mit der Deflation versuchten, seit dem Jahre 1920 fallende Preise, während Länder wie Deutschland, Österreich und Rußland Inflation und zugleich steigende Preise hatten.

Die Bestätigung dafür, daß Preisbewegungen gewöhnlich die Folge von Bedingungen sind, die mit dem Münzwerte zusammenhängen, liegt in der Tatsache, daß das Auf und Nieder der Preise mit dem Auf und Nieder des Geldzuflusses aus den Goldminen, aus den Banken oder aus der Notenpresse der Regierung zusammenhängt.

Die Schlußfolgerung aus den angeführten und noch manchen anderen Gründen ist also, daß bisher immer Störungen im Preisniveau ausschließlich auf das Geld zurückzuführen sind. Da wir aber immer mit Geldwerten rechnen und in einer Geldatmosphäre leben, ist dies für uns so selbstverständlich geworden wie die Luft, die wir einatmen. Manche, selbst intelligente Leute verteidigen das Trugbild, daß der Dollar ein stabiler Wertmesser sei, weil der „Preis des Goldes" sich nicht verändere. Erst neulich äußerte ein ehemaliges Mitglied der Regierung, daß der Wert des Goldes ohne Zweifel beständig sei, weil ja sein Preis unveränderlich sei!

Ich fragte einmal einen Zahnarzt, ob die „hohen Lebenshaltungskosten" auf den Preis seiner Materialien eingewirkt hätten.

„Ja, natürlich!" antwortete er.

„Auch auf den Preis des Goldes, das Sie für Füllungen brauchen?" fragte ich scherzend, in der Erwartung, daß er vom Gegenteil überzeugt sei.

Zu meiner Überraschung antwortete er: „Wahrscheinlich" und gab seiner Assistentin Auftrag, sich danach zu erkundigen.

Sie kam sogleich wieder und versicherte uns feierlich, daß der für das Gold bezahlte Preis seit dreißig Jahren genau derselbe wäre.

„Ist das nicht erstaunlich?" rief der Zahnarzt aus. „Gold muß eine sehr stabile Ware sein."

„Es ist geradeso erstaunlich", antwortete ich, „wie die Tatsache, daß der Preis für einen Viertelliter Milch immer derselbe ist wie für zwei Maß Milch."

„Ich verstehe nicht, was Sie meinen."

„Nun, was ist ein Dollar?" fragte ich.

„Ich weiß es nicht. Was ist er denn?"

Diese einfache Frage ist bezeichnend. Die fast allgemeine Unkenntnis der Antwort ist die Hauptursache des ebenfalls fast allgemeinen Mißverständnisses für die hohen Lebenshaltungskosten und für den Stillstand im Handel. Ein Dollar ist 25,8 Gran des Goldwertes — d. h. er hat neun Zehntel Feingehalt; und da eine Unze gleich 480 Gran ist, so ist der Dollar in einer Unze 480: 25,8 gleich 18,60 mal enthalten. Mit andern Worten: wenn ein Goldsucher 100 Unzen reines Gold zur Münze bringt, so werden daraus 1860 Dollar gemünzt. Natürlich bekommt er dann 18,60 Dollar für eine Unze, und dieser „Preis" ist unveränderlich, solange das Gewicht des Dollars sich nicht verändert.

Also 100 Unzen Gold werden immer 1860 Golddollar wert sein, solange eben 1860 Dollar 100 Unzen Gold enthalten, geradeso wie ein Viertelliter Milch immer soviel kosten wird wie zwei Maß Milch, solange eben zwei Maß gleich einem Viertelliter sind. Gold ist stabil in sich und nur in sich. Wenn man den Dollar mit 25,8 Gran Gold festsetzt, dann kostet eben eine Unze Gold 18,60 Dollar. Aber natürlich bestimmt diese Fixierung des Dollargewichtes oder des Goldpreises nach Goldwert nicht seinen Preis oder Wert im Verhältnis zu andern Waren. Gold kann dadurch nicht den sich aus Angebot und Nachfrage ergebenden wirtschaftlichen Gesetzen entzogen werden. Der Wert des Dollars, an seiner allgemeinen Kaufkraft gemessen, ist nicht stabil, sondern er verändert sich mit Angebot und Nachfrage, wie es der Wert (oder die Kaufkraft) irgendeiner anderen Ware auch tut. Es ist da nur der eine Unterschied: da eine Wertverminderung des Goldes seinen Preis nicht herabdrücken kann, so müssen die Preise der andern Waren dem Goldwerte nach steigen; und da eine Wertsteigerung des Goldes seinen Preis nicht erhöhen kann, so müssen die

Preise der andern Waren dem Goldwerte nach fallen. Für das Gold und andere Werte, die die Kaufkraft des Goldes bestimmen, sind Angebot und Nachfrage die ausschlaggebenden Faktoren. Wenn wir Angebot und Nachfrage als normale Regulatoren für das Steigen und Fallen des Goldpreises außer acht lassen, so tritt ganz von selbst ein Steigen oder Fallen der Preise für andere Waren ein.

Wenn wir anstatt des Goldes irgendeinen andern Wertmesser nehmen, z. B. Milch oder Eier, das will sagen, wenn wir diesen die Eigenschaft zuerkennen, mit ihnen alle andern Dinge kaufen zu können, so würden sie denselben festen Preis bekommen wie das Gold. Es würde dann auch bei diesen Werten dieselbe Illusion von einer inhärenten Stabilität entstehen. Wenn ein Dollar also nicht gleich 25,8 Gran Gold wäre, sondern etwa gleich einem Dutzend Eier, dann würde natürlich der Preis von einem Dutzend Eier immer ein Dollar sein, weil eben ein Dollar dann einem Dutzend Eier entspricht. Wenn die Hühner nicht legen würden, so würde der Preis der Eier nicht steigen, sich überhaupt nicht verändern, aber die Preise der andern Dinge, in Eierwerten ausgedrückt, würden fallen. Wenn dagegen Eier in Hülle und Fülle auf dem Markte wären, so würde ihr Preis auch nicht fallen oder sich irgendwie verändern, aber die Preise der andern Dinge, in Eierwerten ausgedrückt, würde steigen. Und die nicht aufgeklärte Öffentlichkeit würde dann auch besorgt fragen, woher diese hohen Lebenshaltungskosten kämen. Die Weltpreise würden dann von der Tätigkeit der Hennen bestimmt werden, genau wie jetzt von den Goldminen, dem Druck von Papiergeld und von der Kreditpolitik der Banken.

Wir haben uns im Handelsverkehr auch durch den äußeren Schein täuschen lassen, genau wie man sich früher in der Astronomie täuschen ließ: die Erde scheint stillzustehen und alle andern Himmelskörper scheinen sich zu bewegen. Ein Zunehmen des Geldes führt immer zu einem Steigen der Preise. Das war der Fall in den Goldfeldern von Kalifornien vor etwa sechs Jahrzehnten, in Kolorado und Klondike vor ungefähr zwanzig Jahren. Dieses örtliche Steigen der Preise wirkt bald auf andere Orte weiter, denn das Preisniveau kann sich an einer Stelle nicht sehr von dem der Nachbarschaft unterscheiden, ohne daß ein Geldabfluß zu jener Gegend des niedrigeren Preisniveaus stattfindet. So gelangt neues Geld nach und nach in allgemeinen Umlauf, indem es von Ort zu Ort zu einer Steigerung der Preise beiträgt. Der Prozeß ist überall derselbe: jeder bemüht sich, einen lästigen Überfluß loszuwerden; aber dadurch, daß er von Hand zu Hand geht, wird er nicht beseitigt, sondern nur durch ein Steigen der Preise. Häufiger noch wird der Preisstand durch die Geldflüssigkeit beeinflußt, d. h. durch die Bankguthaben, auf die Schecks gezogen werden. Dann wird es auch noch, wenn auch selten so stark, von der Schnelligkeit des Umlaufes des baren Geldes und der Depositenguthaben bestimmt, ferner von der Menge der Umsätze im Handel.

Das Preisniveau hängt also, um es noch einmal zusammenzufassen, ab: entweder von dem Wachsen der Geldmenge oder von dem der Bankguthaben oder von der Schnelligkeit der Umsätze dieser Guthaben oder von dem Fallen oder Wachsen des gesamten Handelsverkehrs. Hinter diesen bestimmenden Faktoren (Geld, Guthaben, Umsätze der Guthaben und Handel) liegen aber noch zahlreiche andere, die mit jenen mehr oder weniger eng verknüpft sind.

Und jetzt kommen wir zur dritten Frage: Selbst wenn der Wert des Dollars beständig wechselt und wenn diese Schwankungen der Hauptsache nach von Geld und Kredit bestimmt werden: Liegt denn darin wirklich ein Grund zu Besorgnissen? Ist das nicht doch bloß eine Sache rein buchtechnischer Behandlung?

Wenn der Wechsel in den Einnahmen eines jeden von uns sich genau dem Wechsel in den Lebenshaltungskosten anpassen würde, dann würde allerdings das Steigen oder Fallen der Preise für uns ohne Belang sein. Es würde nur auf dem Papier stehen. Aber eine solche vollkommene Anpassung und ein solcher Ausgleich hat nie stattgefunden und wird nie stattfinden.

Wir haben schon auf die einander widersprechenden Interessen von Gläubigern und Schuldnern hingewiesen, die gerade in der jetzigen Zeit so stark sind. Wenn der

Kongreß plötzlich bestimmen könnte, daß jeder heutige Dollar in Zukunft zwei Dollar wert sein sollte, so wäre dieser Wertwechsel nicht nur nominell oder eine einfache Sache der Buchführung. Jeder Besitzer von Wertpapieren, jeder Inhaber einer Versicherung oder eines Bankguthabens würde sein Vermögen verdoppelt sehen. Wenn andrerseits der Kongreß anordnen würde, daß ein Dollar in Zukunft nur fünfzig Cents wert wäre, dann würde jeder Schuldner mit einem Schlage mit einer doppelten Schuld belastet werden. Dieses selbe Prinzip der Härte kommt zur Auswirkung bei jedem Wechsel in der Kaufkraft des Dollars, auch wenn dieser Wechsel, wie es meistens der Fall ist, ganz von selbst, ohne daß jemand mit Absicht darauf einwirkt, eintritt. Staat und Gesellschaft ganz von der Verantwortung freizusprechen, ist auch nicht richtig. Der Kongreß, der nach der Verfassung die Macht hat, den Wert des Geldes zu regeln, tut nichts nach der Richtung. Mit jedem Wechsel der Kaufkraft des Geldes, mit andern Worten: mit jedem Wechsel im Preisniveau erleiden Leute Verlust an ihrem Besitz und andere heimsen Gewinne ein, die ihnen früher nicht gehörten.

Unser soziales Gerechtigkeitsgefühl wird dadurch verletzt. Nehmen wir als Beispiel ein Mädchen, das beruflich tätig ist und 100 Dollar im Jahre 1896 auf die Sparkasse gegeben hat. Im Jahre 1920 hatte sie, wenn sie dieses Geld mit 3 v. H. Zinsen stehenlassen konnte, 200 Dollar. Aber wenn sie dann ihre 200 Dollar in andere Werte umsetzen wollte, kam sie zu der bitteren Erkenntnis, daß alles doppelt so teuer war als im Jahre 1896. Sie konnte also für ihre ganzen 200 Dollar soviel kaufen wie ursprünglich für ihre 100 Dollar. Wo ist nach Jahren der Entbehrung der Lohn dafür? Sie ist, ohne daß es jemand beabsichtigte, um ihren ganzen Gewinn gebracht worden, eben durch die Entwertung des Dollars, den die Sparkasse als Dollarkonto führte. Ihr Zinsgewinn hat also der Hauptsache nach nur die Entwertung ihres Guthabens verhindert.

Der Inhaber von Wertpapieren ist in derselben mißlichen Lage. Wenn er auch von seinen Zinsen gelebt hat, so wird doch die Kaufkraft seines Kapitals vermindert, so daß er, ohne es zu wissen, doch vom Kapital gezehrt hat. Um sein Vermögen unverändert zu erhalten, hätte er alle seine Zinsen wieder als Kapital investieren müssen.

In dem am meisten der Entwertung verfallenen Mitteleuropa wirken solche Fälle besonders grotesk. Man erzählt sich die Geschichte von einem polnischen Tuchhändler — wenn sie nicht wahr ist, so ist sie doch gut erfunden —, der sein Geschäft auflöste und sein ganzes Lager von mehreren hundert Tuchballen für eine Million Mark verkaufte. Er verlieh dieses Geld zu zehn Prozent Zinsen, und als es nach einem Jahre zurückgezahlt wurde, konnte er für Kapital und Zinsen nur einen Tuchballen kaufen.

Ich will, um diese ungerechten Kniffe bei der Bewertung des Eigentums, des Vermögens und des Einkommens zu kennzeichnen, noch ein Beispiel aus den Vereinigten Staaten anführen, und zwar ein solches von einer Gesellschaft, das typisch ist für die Verheerungen, die der Krieg angerichtet hat. Wenn wir annehmen, daß der Krieg die Preise verdoppelt hat, so würde eine Gesellschaft, die vor dem Kriege zehn Millionen Dollar verteilte, fünf Millionen an die Aktionäre, fünf Millionen an die Inhaber von Obligationen — diese beiden Summen stellen etwa fünf Prozent des investierten Kapitals dar —, am Schlusse des Krieges nicht zehn Millionen Dollar, sondern zwanzig Millionen Dollar zu verteilen haben. Aber die Verteilung dieser neuen Summe erfolgt nicht mehr im gleichen Verhältnis. Der Inhaber von Obligationen bekommt nach dem Vertrage nur fünf Millionen und überläßt den Aktionären die übrigen 15 Millionen. Nominell hat der Obligationeninhaber dasselbe Einkommen wie früher, aber an der Kaufkraft gemessen verliert er die Hälfte. Der Aktionär andrerseits bekommt nominell dreimal mehr als früher, aber auch an der Kaufkraft gemessen erhält er nur anderthalbmal soviel wie früher oder 50 v. H. mehr. Mit andern Worten: Der Aktionär hat 50 v. H. Gewinn, der Obligationeninhaber hat 50 v. H. Verlust. Die Wertminderung des Dollars hat die Taschen des einen zugunsten des andern geleert.

Die Wirkungen, die dieser Wechsel des Preisniveaus auf das gesamte Geldwesen ausübte waren ungeheuer. Kurz vor dem Kriege schätzte Alfred Neymarck die gesamten in der Welt umlaufenden Wertpapiere auf 175 bis 200 Billionen Dollar. Jetzt ist natürlich der Umfang wesentlich größer, und die Kriegsbonds erhöhen die Gesamtsumme um etwa 50 v. H. Außer den gehandelten Wertpapieren gibt es viele Privatschuldverschreibungen, die überhaupt nicht in Umlauf kommen. Der gesamte Umsatz in jedem Jahre muß sich auf viele Billionen belaufen. Millionen von Leuten in den Vereinigten Staaten haben Liberty Bonds, Millionen besitzen „Soldaten-Versicherungen", deren Gesamtsumme auf Billionen angewachsen ist, Millionen besitzen andere Papiere oder Pfandbriefe oder Guthaben bei den Banken. In Europa haben sich diese Verhältnisse natürlich noch krasser ausgewirkt, weil dort die Entwertung des Geldes eine wesentlich stärkere gewesen ist. In Mitteleuropa ist der Mittelstand der Gehaltsempfänger und der Bankkonteninhaber vollkommen ruiniert. In Deutschland verlieren die Besitzer von Kriegsanleihen, da die Mark während der Geltungsdauer dieser Anleihen sicher nicht steigen wird, mehr als 95 v. H.

Wenn man nun an diese Millionen von Menschen denkt, die in Mitleidenschaft gezogen werden, und an die Hunderte von Millionen Dollar, Mark usw., die als Werte auf die verschiedenste Weise festgelegt sind, dann versteht man erst, was für eine ungeheuere Bedeutung für die ganze Welt darin liegt, was der Dollar, die Mark usw. bei diesen Verträgen wirklich bedeuten. Wenn die Preise steigen, werden große Gewinne erzielt, weil die Unternehmer, ohne den Finger zu rühren, alle diejenigen, die Gehalt oder Lohn empfangen oder die im Besitze von Wertpapieren sind, aussaugen. Die leichten Gewinne verleiten den Unternehmer dazu, daß er nicht genug bekommen kann, bis, wenn Zinsen, Renten, Gehälter und Löhne, wie im Jahre 1920, alles verschlingen, auch sein Wohlstand plötzlich aufhört, er in Schulden gerät und Bankerott machen muß. Eine allgemeine Wirtschaftskrise oder Panik ist die Folge.

Jedes Steigen der Lebenshaltungskosten leitet Wasser auf die Mühle der Unzufriedenen, die sich als ausgebeutete Opfer der Gesellschaft fühlen und von erbittertem Haß gegen sie erfüllt sind. Sie schreiben die hohen Preise und die hohen Gewinne gewisser Kreise und großer Körperschaften nicht der Veränderung des Geldwertes zu, sondern sie sehen alles als einen wohlüberlegten Raubzug der Schieber an. Sie werden immer mißtrauischer und verbitterter. Wenn die Preise aber fallen, dann grollen wieder die Schuldner und wollen sich an den Geldverleihern und den Goldsaugern der Wall Street rächen. Wer sich davor fürchtet, das Geld zu stabilisieren, weil ihm die Idee zu radikal erscheint, der ist blind für die Tatsache, daß eben das unbeständige Geld es ist, das den Radikalismus hervorruft.

Wir haben gesehen, daß diese Irrwege, die das Volksempfinden nimmt, sich aus der sozialen Ungerechtigkeit, die in dem langsamen Entleeren der Tasche der Minderbemittelten liegt, herleiten. Bei oberflächlicher Beurteilung könnte es scheinen, daß das doch eigentlich gar nicht so schlimm sei und nicht für ein die Allgemeinheit angehendes Grundübel angesehen werden könne, denn der eine verliert und der andere gewinnt. Aber die Folgeerscheinungen gehen doch die Allgemeinheit an, nämlich alle die Unzuträglichkeiten, die sich aus Spekulation, Lebensunsicherheit, Krisen, Depressionen, Rechtsverletzungen und falscher Gesetzgebung ergeben. Letzten Endes werden auch, merkwürdig genug, die Schiebergewinne wieder beseitigt, denn wenn die Preise steigen, beeinflussen Streiks, Aufruhr, Gewalttätigkeiten, die eben die Folgeerscheinungen der Preissteigerung sind, die unrechtmäßigen Gewinne, weil die Industrie zum Erliegen kommt und ruiniert wird. Wenn unzufriedene Arbeiter unsere Fenster einwerfen und unsere Maschinen ruinieren, dann handelt es sich nicht mehr um die Frage, wer die Gewinne macht, sondern darum, ob überhaupt irgendwelche Gewinne zu erzielen sind.

In einer Periode fallender Preise ist der „Vampir“ nicht der Spekulant, sondern der Gläubiger. Der Spekulant kann also auch seine Gewinne verlieren. Der Besitzer von Wertpapieren legt normalerweise sein Kapital an, er ist stiller Teilhaber an Geschäften. Es fehlt ihm das Temperament und die Erfahrung, um Unternehmer zu sein. Aber wenn die Preise jahrelang gefallen sind, wobei er nach und nach dem Betriebe, dessen Aktien er besitzt, das Lebensblut ausgesogen hat, bis für den Unternehmer überhaupt keine Gewinne übrigbleiben, dann kommt der Krach, und der Direktor, der dafür verantwortlich gemacht wird, wird von seinem Posten vertrieben, diskreditiert und gedemütigt, und er ist einfach nicht imstande, zu erklären oder selbst zu verstehen, daß er nicht allein verantwortlich ist, sondern daß der Fehler in der Grundlage der Berechnungen, dem Dollar, liegt. Dann übernehmen wohl die Aktieninhaber selbst die Kontrolle des Betriebes, der kommt in schlechte Hände, wird gänzlich falsch verwaltet, und der Aktienbesitzer verliert schließlich alles. Er handelte, ohne zu wissen, wie Shylock, der sein Pfund Fleisch forderte und schließlich doch sich selbst betrog.

Also, um es noch einmal kurz zu sagen: wohl niemand hat großen oder längeren Vorteil vom Steigen oder Fallen der Preise. Beides richtet große soziale Verwüstungen an. Die menschliche Gesellschaft als Ganzes erleidet nur große Verluste, wie sie auch entstehen würden, wenn es für die Längenmaße und die Gewichte nicht allgemeingültige Bestimmungen gäbe. An der Stabilisierung der Geldeinheit sind alle Kreise interessiert und sie sollten darüber nicht verschiedener Meinung sein: Schuldner und Gläubiger, Aktienbesitzer und Unternehmer, Arbeitgeber und Arbeitnehmer, Arm und Reich.

Jetzt kommen wir zur letzten und eigentlichen Frage: Wie kann Abhilfe geschaffen werden? Den in den folgenden Zeilen beschriebenen Plan habe ich in meinem Buche „Stabilizing the Dollar“ ausführlich dargelegt. Seine Quintessenz ist sehr einfach, daß nämlich, da der Dollar allein an allem schuld ist, es nur ein einziges Hilfsmittel gibt: seine Kaufkraft zu fixieren. Unser Dollar stellt heute nur ein bestimmtes Gewicht von Gold dar, eine Gewichtseinheit also, die eine Werteinheit vortäuscht. Ein Zwanzigstel einer Goldunze ist in Wirklichkeit ebensowenig eine Werteinheit oder eine Kaufeinheit wie ein Pfund Zucker oder ein Dutzend Eier. Es ist ebenso unsinnig, eine Werteinheit oder eine Kaufeinheit nach dem Gewicht festzusetzen, wie es falsch ist, eine Längenbestimmung in Gewichtseinheiten anzugeben. Niemand würde auf den Gedanken kommen, einen Meter als ein Stück Holz, das ein Pfund wiegt, zu definieren. Es gibt ein Lied von einem Kaufmann, der auf die Frage nach dem Preise einer Schachtel Konfekt antwortet: „Jede Schachtel einen Dollar." „Ich nehme die Schachtel", sagte der Kunde und wollte bezahlen. Darauf nahm der Kaufmann das Konfekt aus der Schachtel heraus und reichte dem Kunden die Schachtel mit den Worten: „Da haben Sie die Schachtel, das Konfekt habe ich Ihnen nicht verkauft."

Unser Dollar gleicht dieser Konfektschachtel. Er behält seine Form, aber verliert seinen Inhalt. Seine Veränderung ist aber hier nicht gewollt, und sie beruht nicht auf der willkürlichen Auslegung einer Abmachung, sondern, was um so schlimmer ist: die geschädigte Partei hat gar keine Möglichkeit, ihr Recht zu suchen. Es ist gerade so, wie wenn der Käufer der Konfektschachtel es dem Belieben des Verkäufers überlassen müßte, wieviel Konfekt er in der Schachtel lassen will.

Was haben wir davon, wenn wir wissen, daß unser Dollar ebensoviel wiegt wie früher? Was uns interessieren sollte, ist nur, ob wir damit dasselbe kaufen können wie früher. Es ist also zwingende Notwendigkeit, den Dollar zu stabilisieren, genau so, wie wir schon den Meter, das Pfund, den Scheffel, die Pferdekraft, das Gold und alle anderen Handelseinheiten genau bestimmt haben, nur der Dollar macht eine Ausnahme. Alle diese Handelseinheiten haben auch eine große Entwicklung durchgemacht, von den primitivsten Bestimmungen der Urzeit an bis zu den absolut genauen der Jetztzeit, die mit allen Methoden höchster Wissenschaft arbeitet. In ganz alten Zeiten galt als Bestimmung für die Länge eines Meters die Länge des Leibgurtes des Stammeshäuptlings. Später entsprach er in England der Armlänge Heinrichs I. und noch später der Länge einer Eisenstange im Tower in London. Heute haben wir in Washington ein Eichamt, in dem für die Bestimmung des Meters eine Amalgamstange benutzt wird, die gegen Temperaturwechsel unempfindlich ist, trotzdem aber ständig in einem Raume mit konstanter Temperatur unter einer Glashülle aufbewahrt wird. Kein Beobachter darf sich nähern, damit seine Körpertemperatur keine Veränderung verursache. Die Stange wird nur durch ein Teleskop beobachtet. Keine einzige der groben und zufälligen Bestimmungen für Maße und Gewichte wendet man heute im modernen Verkehr an, nur der Dollar ist das einzige Überbleibsel jener primitiven Methode. Man stelle sich vor, der moderne amerikanische Kaufmann sollte einen Meter, der der Länge nach dem Leibgurte des Präsidenten der Vereinigten Staaten entspräche, als Maßeinheit anerkennen. Da gäbe es dann Kaufabschlüsse in Stoffmetern, die während der Amtszeit des Präsidenten Taft getätigt sind und während Wilsons Präsidentschaft ausgeführt würden, oder solche, die während Wilsons Verwaltung geschlossen und in Hardings Amtszeit zur Erfüllung kämen. Und doch würde der Unterschied bei dieser Bestimmung des Meters nicht größer sein als der, den wir bei der viel wichtigeren Handelseinheit, dem Dollar, täglich erleben. Obendrein ist er nicht nur auf wenige Verträge beschränkt, denen ein Längenmaß zugrunde liegt, sondern er findet auf alle Handelsabmachungen Anwendung. Wir ertragen unsern gebrechlichen Dollar nur, weil wir die Verheerung, die er anrichtet, auf andere Ursachen zurückführen. Wenn seine Opfer die Wahrheit wüßten, so würden sie ihn so schnell wie möglich durch Kongreßbeschluß in eine Zwangsjacke stecken, denn das Unheil, das er anrichtet — Verwirrung im kaufmännischen Leben, Unsicherheit, soziale Ungerechtigkeiten, Unzufriedenheit und Streiks —, ist nicht geringer als das, was entstehen würde, wenn alle andern Einheiten des geschäftlichen Lebens: der Meter, der Scheffel, die Arbeitsstunde, ständigem Wechsel überlassen würden. Aber trotzdem halten wir an diesem falschen Maßstabe fest in der durch kein Nachdenken getrübten Annahme, daß er sich nicht verändere, weil wir immer wieder dabei bleiben, daß der Preis des Goldes, in seinem eigenen Werte ausgedrückt, immer derselbe sei: 18,60 Dollar gleich 1 Unze gleich neun Zehntel Feingewicht. Wir narren uns selbst und wissen nicht wie.

Ein wirklich brauchbarer Wertmesser oder ein allgemeiner, den Wert aller Waren bestimmender Faktor sollte nicht nur auf einer Art Ware allein beruhen, möge diese Gold, Silber, Weizen oder was auch immer sein. Zwei Waren wären besser als eine, wie auch zwei Betrunkene sicherer Arm in Arm gehen als allein. Wenn sie nach verschiedener Richtung auseinanderstreben, so neutralisiert einer den andern. Dieses Argument ist für die Einführung des Bimetallismus, des Symmetallismus und anderer Pläne für die Vereinigung von Gold- und Silberwährung angeführt worden. Und es trifft zu, wenn Gold und Silber sich nach verschiedener Richtung entwickeln, wie in den Jahren 1873 bis 1896. Hätten wir zum Beispiel einen Dollar eingeführt, der halb aus dem früheren Golddollar und halb aus dem früheren Silberdollar bestand*), dann wären die Preise weder so rapide gefallen, wie es vor dem Jahre 1896 bei uns und in anderen Ländern mit Goldwährung der Fall war, noch wären sie so plötzlich, wie in den Ländern mit Silberwährung, gestiegen; die auseinanderstrebenden Preisbewegungen der Goldländer auf der einen und der Silberländer auf der andern Seite hätten sich die Wage gehalten.

Aber eine solche Mischung von zwei Werten, obwohl sie in vielen Fällen beständiger wäre als der eine Wert für sich und in allen Fällen beständiger als der weniger beständige der beiden, würde doch nicht stabil sein. Eine Verwendung von Gold, Silber, Kupfer und Platin sowie von allen andern Metallen würde etwas stabiler sein als eine Verbindung von nur zwei Metallen, wie ja auch eine Reihe Betrunkener sicherer Arm in Arm geht als nur zwei, da es ganz unwahrscheinlich ist, daß alle Glieder dieser Kette im selben Augenblick nach der gleichen Richtung taumeln. Das Taumeln der einen in einer Richtung kann immer ausgeglichen werden durch das Taumeln der andern nach der entgegengesetzten Seite. Etwas Glück ist auch immer dabei.

Aber warum soll man gerade Metalle nehmen? Die Indexziffern unseres Büros für Arbeitsstatistik zeigen, daß die Gruppe Metalle und Metallprodukte, als Ganzes ge-

*) Ein dahingehender Gesetzesvorschlag wurde tatsächlich im Jahre 1879 von dem Kongreßmitglied Steffens gemacht. Vgl. Hephurn, History of Currency in The United States, Seite 288.

nommen, die irreführendste von den neun Warengruppen: **Nahrung**, Kleidung, Feuerung, Baumaterialien, Haushaltungsgegenstände, Arzneien usw., ist. Wenn der Dollar in seiner Kaufkraft für alle Waren stabil werden soll, dann sollte er auch durch diese gesamten Waren in seinem Werte bestimmt werden. Wir könnten uns z. B. einen zusammengesetzten Warendollar denken, der sich aus folgenden Einheiten zusammensetzt: $^1/_{20}$ Bushel Weizen, $^3/_4$ Pfund Rindfleisch, $^1/_2$ Pfund Kalbfleisch, 30 Pfund Kohlen, $^1/_{100}$ Barrel weißes Mehl, 1 Pfund Zucker, $^1/_2$ Pfund Schweinefleisch, $^1/_3$ Pfund Baumwolle, $^1/_3$ Liter Petroleum, 1 Ei, 1 Maß Milch, 1 Unze Butter, $^1/_{30}$ Bushel Roggen, $^1/_{25}$ Bushel Kartoffeln, $^1/_{100}$ eines Paar Schuhe, $1^1/_2$ Pfund Heu, 1 Unze Fell, 1 Unze Tabak (roh), $^1/_2$ Unze verarbeiteten Tabak, $1^1/_2$ Pfund Leder, $^1/_7$ Unze Wolle, $^3/_4$ Pfund Stahl, 1 Unze Kupfer, $^1/_{10}$ Unze Scheuertuch, $^1/_{300}$ Liter Alkohol, 2 Unzen Seife usw. — Das sind ungefähr die Quantitäten der etwa dreihundert Waren, die von unserm Statistischen Amt für die Feststellung der Indexziffern der Preise gebraucht werden. Die ganze Liste der Artikel, von denen die oben angeführten die wichtigsten sind, entsprach tatsächlich im Jahre 1909 dem Werte eines Dollar.

Wenn wir damals solch einen Dollar als Einheit angenommen hätten, d. h. also einen zusammengesetzten Dollar, der aus einer geräumigen Hülle bestand, die diese dreihundert Warenproben enthielt, oder mit andern Worten einen Warendollar, so wäre diese Warenmischung — nennen wir sie wirklich Warendollar — augenscheinlich immer gleich einem Dollar gewesen, und die Lebenshaltungskosten, soweit sie durch die Kosten jener Waren in der Mischung bestimmt werden, konnten nicht steigen und nicht fallen. Diese Mischung würde immer einen Dollar kosten, einfach darum, weil ein Dollar der Mischung entspricht, genau so, wie $^1/_{20}$ einer Unze Gold jetzt immer einen Dollar wert ist, weil eben ein Dollar $^1/_{20}$ einer Unze Gold ist.

Kurz, es würde genau so einfach sein, den Preis dieser Mischung von dreihundert Waren unverändert zu halten — wie sehr auch immer die einzelnen Bestandteile im Werte variieren —, wie es jetzt einfach ist, den Preis des Goldes unverändert zu halten. Der Preis dieser Mischung würde immer ein Dollar sein, genau so, wie heute der Preis des Goldes immer 18,60 Dollar gleich einer Unze ist, und genau so, wie bei einer Eierwährung der Preis eines Dutzend Eier immer gleich einem Dollar wäre. Auch dieser zusammengesetzte Warendollar würde noch kein Ideal sein und keinen absoluten Wertstandard darstellen, aber unleugbar wäre er ein großer praktischer Fortschritt gegenüber dem jetzigen Zustande, genau wie es z. B. seinerzeit eine wesentliche Besserung war, als Längeneinheit die Armlänge des Königs zu nehmen anstatt der Leibgurtlänge des Stammeshäuptlings.

Vielleicht kommt jetzt mancher eifrige Leser auf den Gedanken, wie unhandlich, um nicht zu sagen grotesk, solch ein Dollar wäre, wenn er in Umlauf gesetzt und für Export oder Import gebraucht würde. Mit seinen dreißig Pfund Kohlen ist er für den Transport zu schwer, mit Kohlen und Holz ist er für die Tasche zu umfangreich, das vereinzelte Ei der Mischung würde zerbrechen. Gold ist eben vorzuziehen, wird er denken, weil es nicht zerbrechlich, leicht teilbar, leicht transportierbar und leicht verkäuflich ist. Und das sind ja auch die Gründe, die dazu geführt haben, das Gold zu wählen, und nicht, wie wir so vielfach fälschlich geglaubt haben, seine Eigenschaft der Stabilität.

Bleiben wir also bei dem Metall Gold wegen seiner guten Eigenschaften: leichter Transport, Dauerhaftigkeit, Teilbarkeit, aber verbessern wir seine Unbeständigkeit insoweit, daß mit einem Dollar in Gold immer jene zusammengesetzte Warenmenge gekauft werden kann. Gold hat heute zwei große Funktionen: es ist Zahlungsmittel und Wertmesser. Das Gold wurde gewählt, weil es ein brauchbares Zahlungsmittel war, nicht weil es einen guten Wertmesser darstellte. Das Argument, daß das Gold auch Geld wurde, weil man es für einen guten Wertmesser hielt, ist, soweit ich sehe, eine gänzlich unbegründete Behauptung. Gewiß gab es, als es als Geld in Gebrauch kam, keine Indexziffern, und es gab keinen Weg, seine Stabilität oder seine Schwankung zu bestimmen. Und schließlich brauchte man auch keinen festen Wert, aus dem einfachen Grunde, weil es, wenn überhaupt, doch nur wenige Kontrakte auf Zeit gab, wie Schuldverschreibungen, Pfandbriefe oder Wertpapiere. Fast alle Abschlüsse waren klag- und zahlbar an Ort und Stelle. Wenn jemand einen Barverkauf machte, so war es für ihn ohne Bedeutung, wie die Geldeinheit war. Aber wenn heute jemand einen Artikel kauft und verspricht, ihn in drei Monaten zu bezahlen, so ist das etwas ganz anderes. Wenn der Tag der Zahlung kommt, ist es für ihn wichtig, zu wissen, ob der Dollar derselbe ist wie am Tage des Abschlusses. Mit unserm Netzwerk langfristiger Verträge, die Monate, Jahre, Generationen oder sogar Jahrhunderte laufen, die Hunderte von Billionen Dollar für Schuldverschreibungen, Lebensversicherungen, Eisenbahnobligationen, Staatsanleihen umfassen, ist die Funktion als Wertmesser vielleicht zur wichtigsten der beiden Funktionen des Geldes geworden.

Kurz, weil unsere Vorfahren ein gutes Zahlungsmittel fanden, so haben wir doch jetzt an diesem Zahlungsmittel einen schlechten Wertmesser. Das Problem ist: Gold als Zahlungsmittel zu behalten, aber es auch zu einem guten Wertmesser zu machen, nicht die Goldwährung aufzugeben, sondern sie zu verbessern, nicht uns von dem Golddollar zu emanzipieren, sondern ihn dem zusammengesetzten Warendollar anzupassen. Nach meinem Plane, den ich hier entwickeln will, bleibt Gold die Zahlungsgrundlage. Es bleibt auch derselbe Mechanismus, der das Gold frei in den Verkehr bringt oder es herauszieht. Aber nach diesem Plane wird der Golddollar wirklich ein Wertmesser und nicht nur ein Gewichtmesser. Wir haben jetzt einen Goldwert, der immerfort schwankt. Das Ziel muß eben sein, den Dollar zu stabilisieren. Die Methode der Verbesserung des Goldwertes besteht in angemessener Gewichtsvariierung des Golddollars. Der Golddollar ist jetzt seinem Gewichte nach fixiert und deshalb in seiner Kaufkraft veränderlich. Was wir brauchen, ist ein Golddollar, der in seiner Kaufkraft feststeht, aber im Gewichte veränderlich ist. Niemand mit gesundem Menschenverstand, ob er nun meine Geldtheorie annimmt oder nicht, wird leugnen können, daß das Goldgewicht in einem Dollar mit seiner Kaufkraft aufs engste zusammenhängt.

Mit mehr Gold als 25,8 Gran kann man mehr Waren kaufen als mit den bloßen 25,8 Gran. Wenn heute der Dollar, anstatt 25,8 Gran zu wiegen, im Gewicht gleich einer Unze oder einem Pfund oder einer Tonne Gold wäre, hätte er sicherlich größere Kaufkraft als jetzt, mit andern Worten, das Preisniveau würde niedriger sein, als es jetzt ist.

Ein mexikanischer Golddollar wiegt ungefähr halb soviel wie der amerikanische und hat eine geringere Kaufkraft. Gewisse südamerikanische Dollars sind noch leichter an Gewicht und haben auch entsprechend niedrigere Kaufkraft. Ein Freund schrieb mir, daß er in Columbia für Stiefelputzen 15 Dollar bezahlt habe. Wenn jetzt Mexiko auch unsern und den kanadischen Dollar annehmen würde, so würde seine Kaufkraft zweifellos steigen, d. h. das Preisniveau in Mexiko würde fallen. Wenn der schwerere oder der leichtere Golddollar die größere oder geringere Kaufkraft hat, so ist ohne weiteres klar, daß, wenn wir seinem Gewicht neue Einheiten hinzufügen, und zwar genau soviel, wie nötig ist, um den Verlust in seiner Kaufkraft auszugleichen, oder umgekehrt ihn um Gewichtseinheiten verringern, um einen gesteigerten Preisstand zu kompensieren, wir einen voll ausgeglichenen Dollar haben an Stelle eines, der, an seiner Kaufkraft gemessen, immerfort schwankt.

Aber wie, so wird man fragen, ist es praktisch möglich, das Gewicht des Golddollars zu verändern? — Das Kunststück ist wirklich nicht unmöglich, denn es ist mehrfach gemacht worden. Wir selbst haben das Gewicht unseres Golddollars zweimal geändert: einmal im Jahre 1834, als der Goldgehalt des Dollars um 7 v. H. vermindert wurde, und dann im Jahre 1837, als er um $^1/_{10}$ v. H. erhöht wurde. Wenn wir diese Veränderung einmal im Jahrhundert vornehmen, dann könnten wir es auch einmal im Monat tun.

Und wenn wir ausschließlich Papiergeld, das auf Gold lautet, verwenden würden anstatt teilweise Papiergeld und teilweise Goldmünzen, dann könnte natürlich das Gewicht des Dollars viel leichter verändert werden, als wenn es in langen Zeitabständen geschieht. Gold zirkuliert jetzt fast ausschließlich in der Form von „gold certificates". Das Gold selbst, oft nicht einmal in der Form von Goldmünzen, sondern in Barrenform, liegt in den Gewölben der Regierung. Ein Barren Gold, dessen Feingehalt 25,8 Gran wiegt, ist genau dasselbe wie 1000 Dollar im Gewicht von 25,8 Gran, wenn dieser Barren in hundert Teile geteilt und aus jedem ein Hundertdollarstück gemünzt wird. Die tausend Dollar sind im Goldbarren vorhanden. Das Besitzrecht daran ist in der Form von Einhundertdollarnoten im Verkehr. Da schon heute unsere meisten Golddollars in der Form von Papiergeld in Umlauf sind, so würde es ganz leicht sein, den Umlauf des Goldes einzig und allein auf die Form von Papiergeld umzustellen. In England benutzte man vor dem Kriege im täglichen Verkehr mit Vorliebe Gold als Zahlungsmittel. Aber man ist von diesem Gebrauch gänzlich abgekommen, und die wenigen Amerikaner in Kalifornien und Oregon, die noch dieselbe Gewohnheit haben, könnten leicht dessen entwöhnt werden. Es bedürfte also nur eines Gesetzes, um die Goldmünzen gänzlich aus dem Verkehr zu ziehen. Der Einfachheit halber wollen wir annehmen, daß dies schon geschehen wäre. Wenn ich in meinen folgenden Ausführungen von der Gewichtsveränderung des Golddollars spreche, so braucht der Leser nicht gleich aufzubegehren, weil in seiner Vorstellung Goldmünzen von verschiedenstem Gewicht, die den wirtschaftlichen Verkehr ganz in Verwirrung bringen würden, auftauchen. Er soll lieber die Erinnerung an die Goldmünzen ganz aus seinem Gedächtnis streichen und sich den Dollar einfach als soundso viel Gran Gold, das in den Gewölben der Schatzkammer der Vereinigten Staaten liegt, vorstellen, wobei die Anzahl der Grane von Zeit zu Zeit, aber nach einem bestimmten System wechselt, und er soll nur daran denken, daß diese Goldmenge durch die Dollarscheine vertreten wird.

Die Abschaffung der Goldmünzen würde an den Zuständen, wie sie heute bestehen, nichts ändern. Gold würde auch weiterhin von dem Goldgräber zur Münze, zur Schmelze oder einer Staatskasse gebracht werden, und er würde ebenso Dollarschatzscheine dafür bekommen. Dieser Verkauf des Goldes an die Regierung gegen Dollarschatzanweisungen ist der Kernpunkt der ganzen Frage. Gold kommt eben nur in den Verkehr durch seinen Ersatz: die Zehndollarnote.

Das Gold im Staatsschatze würde, wie es auch jetzt der Fall ist, für den Rückkauf der Goldanweisungen verwandt werden. Der Juwelier oder Goldexporteur würde, wie auch heute, Gold für seine Zwecke bekommen, indem er die Dollaranweisungen gegen Gold des Staatsschatzes eintauscht. Jeder Golddollar, dessen Gegenwert in einer Note aus dem Verkehr genommen wird, würde wieder als Kunstgegenstand in die Erscheinung treten oder in den Auslandsverkehr kommen. Es würde also ein Abfließen der Golddollars von bestimmtem Werte, aber verschiedenem Gewicht aus dem Geldverkehr in die Kunstindustrie oder den ausländischen Verkehr stattfinden. Diese Vorgänge stellen die seltenere Einlösung der Goldschatzanweisungen dar. Die gewöhnlichste Art der Einlösung ist entweder der Export oder das Einschmelzen des Goldes. Die skandinavischen Banken haben immer einen Teil ihres Goldes im Auslande als Reserve. Wenn dort jemand Banknoten einzahlt, um Gold für eine Sendung nach London zu erhalten, so bekommt er nur einen Eigentumsschein über die bestimmte Menge Gold, die schon in London ist.

Also unbeschränkter Zufluß des Goldes zum Staatsschatz und unbeschränkter Abfluß würde wie jetzt auch stattfinden, wobei jeder Vorgang die Menge der Goldschatzanweisungen im Verkehr vermehrt oder vermindert. Um es bildlich auszudrücken: der Spiegel des Goldsees, der in der Form von Goldschatzanweisungen sichtbar ist, würde durch ungehinderten Zustrom an Goldeinlagen erhöht und durch ungehinderten Abfluß für Export- und Industriezwecke gesenkt.

Wenn also Gold nur in der Form von Papiergeld im Verkehr wäre, so ist es klar, daß das Gewicht des Golddollars geändert werden kann, ohne die großen Schwierigkeiten hervorzurufen, die sich ergeben, wenn Goldmünzen im Verkehr sind. Die Regierung würde einfach die Goldmenge, die sie für einen Papierdollar zu einer bestimmten Zeit gibt oder nimmt, ändern, genau so wie ein Händler die Menge Zucker ändern kann, die er für einen Dollar hergibt. Heute gibt die Regierung 25,8 Gran ungemünzten Goldes dem Juwelier oder Exporteur für jeden Papierdollar, den er einzahlt. Im nächsten

Monat kann sie 26 Gran geben oder nur 24. Diese Vermehrung oder Verminderung würde natürlich vorgenommen, um das Wachsen oder Fallen der Kaufkraft des Dollars zu kompensieren.

Nun wird man fragen: Welche Grundsätze sollten die Regierung bei diesem Wechsel in dem Gewicht des Dollars leiten? Mein Vorschlag geht nicht dahin, daß irgendeine amtliche Stelle ermächtigt werden soll, das Steigen oder Fallen des Dollars nach eigenem Ermessen zu bestimmen. Ein stabiles und einfaches Mittel für diese Anpassung ist vorhanden: nämlich die jetzt übliche Indexziffer der Preise. Das Bureau of Labor Statistics, das jetzt eine Indexziffer veröffentlicht, oder das Bureau of standards oder eine andere geeignete Behörde würde beauftragt werden, diese Ziffer in bestimmten Zwischenräumen, sagen wir monatlich, zu veröffentlichen. Jeden Monat würde das Büro auf Grund der laufenden Marktpreise ausrechnen, wieviel für eine bestimmte Menge von Waren gezahlt werden muß. Es würde diese Ziffer veröffentlichen, und sie würde dann von dem Staatsschatzsekretär die offizielle Anerkennung bekommen; danach würde sich der Wert des Dollars ändern, d. h. die Menge Gold, die die Staatsmünze für ein auf Gold lautendes Papier gibt oder nimmt, und danach würde sich die Kaufkraft dieses Papiergeldes vermehren oder vermindern. Das Papiergeld würde immer dem Golddollar gleich sein, und der Golddollar würde genau dem Warendollar, auf dem er sich aufbaut, entsprechen. Wenn z. B. die Indexziffer, die den Durchschnittspreis der bestimmten Warenmenge darstellt, ein Prozent über Pari wäre, d. h. über dem Werte eines Dollars, den er ursprünglich hatte, so würde das anzeigen, daß die Kaufkraft des Dollars zurückgegangen ist; diese Tatsache würde das Signal sein, das Gewicht des Golddollars um ein Prozent zu erhöhen, und diese Gewichtsvermehrung des Dollars würde wieder automatisch in der Kaufkraft dieser im Verkehr befindlichen Deckungspapiere ihren Ausdruck finden.

Wenn nun gefragt wird, woher ich wüßte, daß dieses eine Prozent der Gewichtszunahme des Golddollars genau hinreicht, die Indexziffer zu korrigieren, so kann ich nur antworten, daß ich es ebensowenig weiß, wie ich nicht sagen kann, ob das Steuerrad eines Automobils, wenn es gedreht wird, eine ganz richtige Drehung, nicht zuviel und nicht zuwenig, vollzieht. Im Laufe eines Monats können mancherlei Einflüsse wirksam werden. Aber wenn die vorgenommene Korrektur nicht genügt, oder wenn sie über das Ziel hinausgeht, dann wird das ja die Indexziffer des nächsten Monats zeigen. Absolut vollkommener Ausgleich ist unmöglich, aber jede Ungenauigkeit wird beim nächsten Termin in die Erscheinung treten und kann so einer Verbesserung nicht entgehen.

Nehmen wir z. B. an, daß für den nächsten Monat die Indexziffer unverändert auf 101 stehengeblieben ist, dann wird der Dollar um einen Gewichtspunkt vermehrt, und wenn dann wieder im darauffolgenden Monat die Indexziffer etwa $100^1/_2$ ist, d. h. $^1/_2$ v. H. über Pari, dann wird eben zum dritten Male das Gewicht des Dollars um das halbe Prozent vermehrt. Und das geht so weiter: solange die Indexziffer auch nur ein bißchen über Pari steht, wird dem Dollar jeden Monat mehr Gewicht hinzugefügt, bis er, wenn notwendig, eine Unze oder mehr wiegt. Aber die Gewichtsvermehrung wird natürlich lange bevor er diese Schwere erreicht, genügend sein. Dann geht die Indexziffer wieder auf Pari zurück, d. h. das zirkulierende Papiergeld hat wieder seine Kaufkraft erhalten.

Oder angenommen, die Indexziffer fiele unter Pari, etwa um 1 v. H., so kommt dadurch zum Ausdruck, daß die Kaufkraft eines Dollars gestiegen ist, und demgemäß wird der Golddollar im Gewicht um 1 v. H. vermindert, und in jedem Monat, in dem die Indexziffer unter Pari bleibt, wird das zu schwere Gewicht des Dollars etwas reduziert und die Kaufkraft des Papiergeldes wieder auf Pari zurückgebracht. Durch diese Ballasteinnahme oder -abgabe entfernt sich unsere Indexziffer nicht sehr weit von der ursprünglichen Grenze, d. h. von dem Preise eines Dollars, der im Werte der bestimmten Warenmenge entspricht. Kurz, es tritt, wie überall im Leben, durch Probieren und Korrigieren ein allmählicher Ausgleich ein. Eine kleine Abweichung ergibt sich immer, aber sie wird auch ständig ausgeglichen. Das Steuerrad hält das Währungsautomobil nicht ganz genau in grader Richtung, aber die Abweichung nach der einen oder andern Seite ist nicht so groß, daß sie nicht leicht ausgeglichen werden könnte.

Es tut schließlich nichts zur Sache, welche Ursachen dieser Abweichung zugrunde liegen; sie wird, wie sie auch immer entsteht, durch das Gewicht des Golddollars ausgeglichen, und das geschieht so lange von Monat zu Monat, wie sie in der Indexziffer zum Ausdruck kommt. Naturgemäß schwankt das Preisniveau dadurch nur wenig. An Stelle der großen Preisänderungen, wie wir sie in der Geschichte erlebt haben, würden die Indexziffern etwa so verlaufen: 100, $100^1/_2$, 101, 100, 102, $101^1/_2$, 100, 98, 99, 99, $99^1/_2$, 100 usw., also selten von der Mittellinie um mehr als 1 oder 2 v. H. abweichen.

Ich habe eben diesen Ausgleich im Dollarwert mit der Steuerung eines Automobils verglichen. Treffender ist noch der Vergleich mit dem automatischen Regulator einer Dampfmaschine oder mit einem kompensierten Pendel. Jede Abweichung korrigiert sich von selbst, und so passen wir unsern Dollar dem Warendollar annähernd an.

Auch im Bankverkehr muß natürlich so verfahren werden, und die Menge der Einlagen und Noten muß mehr oder weniger der Goldbasis proportional sein. Denn ein schlecht organisierter Bankverkehr, der ohne Überlegung Inflation oder Deflation betreibt, könnte fast jede Stabilisierung auf der Goldbasis unmöglich machen. Jede Banknote und jedes andere Wertpapier würde, wie heute auch, in eine Golddollarnote umgewechselt werden können und so würde jedes Papiergeld dieser Art, genau wie heute, mit den Goldnoten pari sein. Jede Golddollarnote würde andrerseits bei der Staatskasse in einen ungemünzten Golddollar umgewechselt werden können und würde daher immer mit diesem gleichen Wert haben. Und schließlich würde jeder ungemünzte Golddollar durch den periodischen Ausgleich seines Gewichtes durch eine Indexziffer annähernd der Warenmenge entsprechen, die den Warendollar ergibt. Alle Dollars, Banknoten, Goldnoten, ungemünztes Gold usw. würden also einander annähernd gleichwertig sein und dem Warendollar entsprechen. Wir hätten dann wirklich kein Auf und Nieder des Preisstandes mit all seinen üblen Folgeerscheinungen. Das Geld wäre stabilisiert.

Zur Abrundung des Planes ist aber noch folgendes zu sagen. Um die Spekulation in Gold auf Kosten des Staates zu verhindern, sollte eine kleine Abgabe, die etwa unserer Münzsteuer entspricht, von den Hinterlegern von Gold gezahlt werden. Das ist aber eine technische Einzelheit; ich möchte hierauf und auf andere solche technischen Dinge, wie die Deckungsreserve für die Golddollarnoten, den Ausgangspunkt für die Indexziffer, die Auswahl und Auswechslung der Werte, die den Warendollar darstellen, die Möglichkeit der Zurückhaltung von Goldmünzen usw., hier nicht eingehen. Worauf es mir ankam, habe ich gesagt: daß wir die Macht haben, wenn wir nur wollen, die Kaufkraft des Dollars und damit den allgemeinen Preisstand zu stabilisieren.

Der Plan, wie ich ihn entwickelt habe, ist kurz folgender:

1. Die Goldmünzen abzuschaffen und unsere gegenwärtigen auf Gold lautenden Noten in Golddollarnoten umzuwandeln, die dem Besitzer das Anrecht auf die entsprechende Goldmenge in dem von Zeit zu Zeit offiziell festzusetzenden Gewicht geben.

2. Den Umtausch von Gold des Staatsschatzes gegen Golddollarschatzanweisungen beizubehalten.

3. Einen ideal zusammengesetzten Warendollar zu schaffen, der aus einer bestimmten Menge von Einheiten besteht, die den Wert eines Dollars haben, und eine Indexziffer zu bestimmen, die in gewissen Abständen den Marktpreis dieses Warendollars in Golddollar berechnen und wiedergeben soll.

4. Das Gewicht des ungemünzten Dollars in bestimmten Abständen festzusetzen, wobei jene Anpassung der errechneten Abweichung der Indexziffer von dem Paristande proportional ist.

5. Eine kleine Münzsteuer zu erheben, die aber über die Gewichtsunterschiede des Golddollars nicht hinausgehen darf.

Der Plan sollte natürlich von dem Preisniveau ausgehen, das tatsächlich dann besteht, wenn er zur Ausführung kommt. Das Wirtschaftsleben würde so durch die Änderung des Gewichtes der Goldmenge, die den Warendollar darstellt, nicht erschüttert werden. Die Umstellung wäre ebenso leicht wie die Anpassung an ein allgemeingültiges Zeitmaß. Geradeso wie die Zeitmaße in der ganzen Welt geändert und vereinfacht worden sind durch die Umstellung der Ortszeiten auf eine allgemeingültige Zeit oder z. B., um die jüngste Veränderung in der Richtung zu nennen, auf Sommerzeit, so würden auch die den gesamten Wirtschaftsverkehr bestimmenden Abmachungen auf einen gleichen Stand gebracht werden, ohne Streit und ohne Verwirrung.

Der Substanz nach würden dieselben Geldsorten von Hand zu Hand gehen wie früher, ehe dieses neue System angenommen wurde, und der Laie würde, wenn der Plan zur Anwendung kommt, keine Veränderung bemerken, wie er ja auch in die inneren Zusammenhänge des gegenwärtigen Systems keinen Einblick hat. Ähnlich erging es den Eingeborenen in Indien, als die Goldwährung vor etwa einem Jahrhundert eingeführt wurde.

Die Crux des Planes liegt darin, nach welchen Bestimmungen die Indexziffer das Dollargewicht regulieren soll. Der Golddollar darf nicht im Werte sinken, wenn sein Gewicht vermindert wird. Um eine Wertverminderung des Dollars zu verhindern, erhöhen wir sein Gewicht, und um der Wertsteigerung entgegenzuwirken, vermindern wir sein Gewicht. Da ein schwererer oder leichterer Dollar nur einen verminderten oder gesteigerten Goldpreis zum Ausdruck bringt, erhöhen oder steigern wir den Preis des Goldes selbst, um das Preisniveau für andere Waren weder steigen noch fallen zu lassen.

Ich habe hier alles Wissenswerte über meinen Plan, den Dollar zu stabilisieren, beschrieben. Aber es muß auch gesagt werden, daß vor mir schon andere (z. B. Simon Newcomb, Aneurin Williams, M. P. und D. J. Tinnes aus Nord-Dakota) auf denselben Gedanken gekommen sind. Er ist auch nicht der einzig mögliche, es sind noch andere Vorschläge gemacht worden. Ich trete für den meinen ein, weil er mir am wenigsten mit der Tradition zu brechen scheint. Es kommt nicht darauf an, ob mein Plan oder ein anderer angenommen wird, sondern nur darauf, daß überhaupt einer zur Ausführung kommt, der die jetzt die Welt beherrschende Inflation und Deflation wirklich beseitigt.

Ein anderer Plan, der die Antithese des meinen genannt werden kann, besteht darin, anstatt die Goldbasis zu regulieren und das Bankwesen so zu gestalten, daß der Aufbau des Kredites zu jener Basis in richtigem Verhältnis steht, das Kreditsystem zu regulieren und die Goldbasis außer acht zu lassen. Wie ich in meinem Buche „Stabilizing the Dollar" gezeigt habe, ist dieser Plan gut, aber begrenzt. Außerhalb dieser Grenze versagt er. Dasselbe ist von einem Vorschlage zu sagen, den Professor Cassel in Schweden gemacht hat und der von der Konferenz in Genua empfohlen wurde. Er geht einfach darauf hinaus, das Gold zwischen den großen Weltbanken richtig zu verteilen, um den Überfluß auf der einen Seite und den Mangel auf der andern zu verhindern. Die Wirtschaftssachverständigen empfahlen auf der Konferenz in Genua: „Das Haupterfordernis für den wirtschaftlichen Wiederaufbau Europas ist die Stabilisierung der Währung eines jeden Landes."

Sie führten die Grundlinien dieses Programms, das unmittelbar in Angriff genommen werden sollte, wie folgt aus:

> „Die dafür notwendigen Maßnahmen können für die Stabilisierung der Goldwährung genügen. Aber die erfolgreiche Dauerwirkung würde nicht nur durch die vorgeschlagene Vereinigung der Zentralbanken erreicht, sondern durch eine internationale Übereinkunft, die zur geeigneten Zeit getroffen werden müßte. Zweck dieser Übereinkunft würde es sein, den Bedarf an Gold zu zentralisieren und zu koordinieren und so starke Schwankungen in der Kaufkraft des Goldes zu verhindern, die sonst aus den gleichzeitigen und einander entgegenarbeitenden Anstrengungen der verschiedenen Länder, sich ihre Metallreserve zu sichern, entstehen könnten. Es wird angeregt, daß diese Übereinkunft besondere Bestimmungen für die sparsame Verwendung

des Goldes umfassen sollte, und zwar so, daß Reserven in Form von auswärtigen Guthaben geschaffen werden als Grundlage für ein internationales clearing system. . . ."

Die Finanzkommission hielt die Bank von England für die geeignetste Stelle, um eine internationale Münzkonvention vorzubereiten, und betonte nachdrücklich die Wichtigkeit der Mitwirkung der Vereinigten Staaten bei diesem allgemeinen Streben, die Währung zu stabilisieren.

In den Vereinigten Staaten ist eine „Stable Money League" gegründet worden, um alle Pläne, die der Stabilisierung gewidmet sind, zu studieren und allen Versuchen, die auf Währungsverfall, sei es nach der Seite der Inflation oder der Deflation, ausgehen, nach folgenden Satzungen entgegenzuwirken:

„Pledged to no plan or measure save the openminded examination of all well-considered proposals, we urge upon Congress and our fellow citizens the high necessity of such action. We cordially invite all who are interested, producers and consumers, economists and bankers, to join with us in the study of the question involved, with a view to concerted action upon some feasible and generally acceptable plan."

Das Studium und die Auswahl der Pläne liegt in den Händen eines Prüfungsausschusses, der aus führenden Sachverständigen der Wirtschaft besteht.

Verschiedene Anträge sind im Kongreß gemacht worden, um die Stabilisierung zu studieren oder durchzuführen, und zwar durch die Abgeordneten Husted, Dallinger und Goldsborough.

Die Welt sieht uns, wie niemals früher, als Führer bei diesen Bestrebungen an. Wir haben jetzt die seltene Gelegenheit, die Weltwährung zu bestimmen. Wenn die Vereinigten Staaten wirklich eine stabile Währung schaffen, dann ist es möglich, daß die andern Nationen unserm Beispiel folgen. Nach dem Fallen des Goldes und Silbers im Jahre 1873 nahmen die Nationen, eine nach der andern, dem Beispiel Englands folgend, die Goldwährung an. Und jetzt, nachdem alle Währungen durch den Weltkrieg in Verwirrung geraten sind, wird eine Neuordnung wahrscheinlich durch die Nation geschaffen werden, die die günstige Gelegenheit ergreift und die Führung übernimmt.

Die Gegenwart ist aber auch noch aus einem andern Grunde besonders günstig. Jetzt ist der Einwand hinfällig, der vor dem Kriege gemacht werden konnte, daß wir, wenn wir als einzige Nation den Dollar stabilisieren, unsern Außenhandel in Verwirrung bringen, weil wir die fremden Währungseinheiten dadurch zerstören. Diese Einheiten sind schon zerstört, sogar in England, und die meisten werden wahrscheinlich für mehrere Jahrzehnte zerstört bleiben. So war es ja auch bei uns in der Zeit von 1861 bis 1878 aus Anlaß des Bürgerkrieges oder in England in der Zeit von 1801 bis 1821 wegen der napoleonischen Kriege.

Es wäre ein Wunder, wenn vor der Mitte des zwanzigsten Jahrhunderts wieder stabile Währungen erreicht würden, mit Ausnahme von England und Japan und der kleineren Länder, die während des Krieges neutral blieben. In absehbarer Zeit kann eine Wiederherstellung der alten Währungen in Frankreich, Italien, Deutschland, Österreich und Rußland nicht erwartet werden. Wenn wir also unsern eigenen Dollar stabilisieren, dann wird diese Maßnahme keine andere Währung ungünstig beeinflussen, sondern sie wird im Gegenteil den fremden Währungen helfen, das gleiche zu tun. Die Theorie, daß die Francs, Lire, Mark, Rubel der Vorkriegszeit in ihrem Werte wiederhergestellt werden müßten wegen der auf dieser Grundlage aufgenommenen Anleihen, hat wenig Anhänger. England ist schon lange davon abgekommen. Nur Bankerott und Ruin würden die Folge einer solchen ungesunden Restaurierung sein. Der französische Preisstand würde auf 40 v. H. heruntergebracht werden, der italienische auf 25 v. H., der deutsche auf 1 v. H., der österreichische auf weniger als 1 v. H. und der russische auf weniger als $^{1}/_{100}$ v. H. Dadurch würden die Schulden in Frankreich um das Zweieinhalbfache vergrößert, in Italien um das Vierfache, in Deutschland um das Hundertfache, in Österreich um mehr als das Hundertfache, in Rußland um mehr als das Millionenfache. Die betreffenden Völker und Regierungen würden ruiniert sein. Und auch diese drastische

Deflation würde nur die alte Goldwährung wiederherstellen, aber nicht die Kaufkraft des Goldes, die vor dem Kriege bestand.

Wir müssen alle Theorien beiseite lassen und nur die Tatsachen beachten. Die einzige Lösung, die zugleich gerecht und durchführbar wäre und die auch von der Genua-Konferenz als solche anerkannt wurde, ist die, die Währungen von Europa in einem sehr verminderten Werte im Vergleich zu dem Vorkriegswerte zu stabilisieren. Je eher dies getan wird, desto schneller werden Handel, Geldverkehr und Industrie in der Welt wieder normal funktionieren. Die genaue Fixierung dieser Wertgrenzen ist natürlich in den einzelnen Ländern ganz verschieden und kann nur nach einer sehr sorgfältigen und die Lage einer jeden Nation berücksichtigenden Prüfung festgestellt werden.

Das die meiste Aussicht auf Erfolg bietende Programm für den Wiederaufbau Europas scheint das folgende zu sein:

1. Die Nationen müssen die Entwaffnung durchführen, ihr Budget balanzieren und die Inflation unterbinden.

2. Jedes Land soll selbst entscheiden, wie der Goldwert seiner Währung festgesetzt werden soll, sei es auf der Grundlage der Vorkriegswährung oder nicht.

3. Wenn diese neue Währung angenommen ist, soll sie eingeführt werden; nicht durch den kostspieligen Prozeß der Einführung großer Goldreserven, sondern auf der Grundlage eines Goldwechselguthabens, wie England es in Indien vor fünfzig Jahren machte. Dieses Guthaben gibt der betreffenden Währung einen wirklichen Rückkaufswert, nicht durch Gold, das im Lande selbst aufgespeichert ist, sondern das als Goldguthaben außerhalb des Landes vorhanden ist; dadurch kann das Papiergeldland wirklich ein Goldgeldland werden, indem es einfach das entsprechende Auslandsguthaben unterhält. Frankreich und Italien würden z. B. Gutscheine auf Auslandsguthaben, sagen wir in New York, nach festen Sätzen kaufen und verkaufen.

4. Die großen Staatsbanken sollten nach internationaler Abmachung ihre Verpflichtungen für den geregelten Zinsendienst anerkennen, ohne Überbewertung oder Unter-

bewertung, um so wenig wie möglich die Preise und den Handel zu stören.

Durch diese vier Maßnahmen würde bald die ganze Welt zu einer gemeinsamen Goldwährung kommen, und wir hätten Garantie dafür, daß nicht außergewöhnlich hohe Kredite die Kaufkraft des Geldes ungünstig beeinflussen.

Fünftens sollte die Metallbasis selbst stabilisiert werden, sei es nach meiner Methode oder nach einer andern. Ohne diesen letzten Schritt wird allerdings die vollständige Stabilisierung nicht möglich sein.

Niemand kann die Hindernisse, die meinem oder irgendeinem andern Sanierungsplane entgegenstehen, schärfer sehen als ich. Während diese Probleme von wissenschaftlichen Sachverständigen und gelegentlich auch von Politikern offen diskutiert werden, interessiert sich die große Masse mit Einschluß der Bankiers und der Kaufleute nicht besonders dafür, hauptsächlich nicht, weil sie die bittere Notwendigkeit dafür überhaupt nicht verstehen, und dann auch, weil sie nicht glauben, daß in der nächsten Zukunft irgendeine Aussicht besteht, die Stabilisierung wirklich durchzuführen. Währenddessen dauern die krankhaften Bewegungen in der Preisbildung an, verschärfen die Klassengegensätze und führen zu Vorschlägen, die entweder eine Reinflation oder weitere Deflation befürworten. Ford, Edison, Senator Fladd sind die prominentesten Befürworter des Inflationssystems als Heilmittel für die gegenwärtige Lage.

Aber jede Schwingung des Preispendels bringt doch einer immer größeren Zahl ernster und auf das Gemeinwohl bedachter Leute die Notwendigkeit der Stabilisierung zum Bewußtsein. Die wachsende Anwendung der Indexziffer für die Messung der Inflation und Deflation führt dazu, immer mehr das Verständnis für ihren Wert zu fördern. Auch die modernen Handelsbarometer von Bepson, Brookmire, dem American Institute of Finance, dem Alexander Hamilton Institute, der Standard Statistics Company und dem Harvard Committee of Economic Research sind weitere Mahner.

Die öffentliche Meinung zeigt auch insofern eine neue und gesunde Tendenz, als sie damit aufhört, blindlings die Schieber für die steigenden Preise verantwortlich zu machen und die Bankiers der Wall Street für die fallenden Preise, statt dessen aber die Regierung zu tadeln, weil sie zuviel Geld drucke und so die Preise steigere, oder weil sie den Kredit beschränke und so die Preise reduziere. Beide Arten von Vorwürfen sind kürzlich den Regierungen von England, Frankreich und auch den Vereinigten Staaten gemacht worden, während die frühere Form des Unwillens noch gegen die deutsche, österreichische und andere Regierungen gerichtet ist, die ihre Währung inflatieren. In den Vereinigten Staaten haben die Farmer und der frühere Comptroller of the currency den erfolglosen Federal Reserve Board für die Deflation verantwortlich gemacht, indem sie erschöpfende Erklärungen verlangten. Es ist ein bemerkenswertes Zeichen des Verständnisses der breiten Masse für die Ursachen des wechselnden Preisstandes, daß die Frage nach der Verantwortung mehr und mehr an die richtige Adresse kommt. Wenn das Publikum von der Regierung stabile Preise verlangen und die Regierung die Waren den jetzt bestehenden Einflüssen entziehen kann, so ist der Weg für eine Lösung frei.

Die Notwendigkeit, die Währung zu stabilisieren, wird, wenn auch nicht offiziell, so doch immer nachdrücklicher durch die überall verbreiteten Bemühungen betont, die sich den Preisschwankungen anpassenden Verträge auf Grund einer Indexziffer zu korrigieren. Allein in England haben mehr als drei Millionen Arbeiter ihren Lohn auf diese Weise der Wertwandlung des Geldes angepaßt.

Unsere Verfassung verbietet den einzelnen Staaten, Anleihen und Schuldverschreibungen herabzusetzen, und die Regierung selbst handelt dementsprechend, allerdings mit gewissen Ausnahmen, z. B. in der Konkursgesetzgebung. Bei dem Auf und Nieder des Handelsverkehrs ist diese Beständigkeit der Geldverpflichtungen wohl dem Buchstaben nach vorhanden, aber nicht dem Geiste nach, weil die Verträge und das Gesetz die Verpflichtungen wohl in Gold nach dem Gewichte festsetzen, aber die vertragschließenden Parteien nicht wissen, was ein Dollar wiegt. Im allgemeinen wissen sie nicht einmal, daß ein Dollar nur eine Gewichtseinheit ist. Sie sind sich darüber einig, was ein Dollar im Handelsverkehr wert ist, und sie beachten so gut wie gar nicht den Wechsel in seinem Werte.

So betrügt, gewissermaßen unter dem Schutze der Gesetzgebung, immer eine Partei die andere. Dieser tatsächliche, aber unbewußte Raub würde aufhören, wenn unser Geldmaßstab reguliert wäre, und damit würden gleichzeitig Unzufriedenheit, Neid und Verdächtigungen, soweit sie aus dieser Quelle sozialer Ungerechtigkeit fließen, aufhören. Die Wirtschaftskrisen würden vermindert, wenn nicht unmöglich gemacht. Jeder ungesunden Spekulation wäre damit der Boden entzogen.

Wir mögen also die Dinge betrachten, wie wir wollen, wir kommen immer zu dem gleichen Resultat, daß den Vereinigten Staaten jetzt die größten Chancen in der Geschichte gegeben sind, das Geldwesen der Welt zu bestimmen und zu regulieren. Wenn wir das nicht tun, wenn wir nicht ein wirklich wissenschaftliches Heilmittel anwenden, sondern uns daraufhin ausreden, daß wir einfach zwischen Ebbe und Flut von Gold und Kredit treiben müssen, wenn wir hilflos der Aufgabe gegenüberstehen, große soziale Ungerechtigkeiten zu beseitigen oder den Zukunftskämpfen vorzubeugen, die zwischen Gläubigern und Schuldnern, Arbeitgebern und Arbeitnehmern, Lohnempfängern und Unternehmern kommen werden: dann wird die öffentliche Meinung für einen gefährlichen Radikalismus empfänglich werden. Dann wird das Demagogentum in die Höhe kommen und zu schlechten Mitteln greifen, die alles zunichte machen. Man wird dann nicht nach wissenschaftlicher Methode ein technisches Problem prüfen, mit dem besten Willen aller Parteien, eine erträgliche Lösung zu finden, sondern eine rücksichtslose Justiz wird ohne Verständnis und Nachsicht sich des Problems bemächtigen, und wir werden Zeugen eines üblen und selbstsüchtigen Klassenkampfes werden. Unzufriedenheit, Neid, Klassenhaß, Gewalttaten, Charlatanismus werden folgen, und wenn dann auch wirklich aus all diesem Durcheinander eine einigermaßen befriedigende Ordnung hervorgeht, so wird eine starke Verbitterung zurückbleiben, die in Generationen nicht schwindet.

Je mehr wir also das Problem studieren, desto stärker wird die allgemeine Überzeugung werden, daß unser schwankender Dollar die Verantwortung für große soziale Ungerechtigkeiten trägt und daß sie auf absolut falschem Wege ist, wenn sie dafür andere Ursachen verantwortlich macht. Wenn schließlich die Männer, die das Heilmittel in der Hand haben, es zulassen, daß unser Dollar ein Volk nach dem andern ausraubt, ihnen Billionen von Dollars im Jahre entzieht, wodurch jede geschäftliche Berechnung zunichte gemacht und der Handel zerstört wird, wodurch ferner Mißvergnügen geschaffen wird, die Flammen des Klassenhasses entfacht und die politischen Beziehungen zerstört werden, dann wird man endlich zur Tat schreiten, und wir werden für alle zukünftigen Generationen Hilfe schaffen in einer wirklichen Grundlage für Verträge jeder Art, in einem stabilisierten Dollar.

Druck von Otto Walter in Berlin S 14.

Kolibri 360 GmbH
Ferdinand-Jühlke-Straße 7
99095 Erfurt, Deutschland
produktsicherheit@kolibri360.de